1产品创意

四种想法来源

2产品分析

定义用户需求、
明确竞争策略

6产品营销

怎么吹牛、怎么持续吹牛

3产品规划

抓住产品主线、
明确实施节奏

5产品实现

研发流程模式、
团队配合技巧

4产品设计

产品的易用性

个**APP**
的诞生2.0
从零开始设计你的手机应用

WORK

TEAM

CREATIVITY

U0281527

一个APP团队基本岗位清单

产品经理

主要负责整个产品的管理，从分析商业目标，到挖掘用户需求、定义产品、规划具体需求研发时间等都需要全面把控，并能协调资源，根据目标受众进行产品的推广与策划。

- ☑ 需求理解　☑ 沟通能力　☑ 项目管理　☑ 人才培养
- ☑ 团队协作　☑ 技术知识　☑ 数据分析　☑ 总结能力

项目经理

在产品研发阶段，负责协调项目人力、设备资源，统计项目资源利用情况，跟进并优化项目协作方式，提高团队内部协作效率，规范协作模式，降低团队内部消耗，节省项目成本。

- ☑ 项目计划能力　☑ 沟通能力　☑ 领导力　☑ 人才培养
- ☑ 团队协作　☑ 风控能力　☑ 数据分析　☑ 总结能力

交互设计师

主要负责与产品经理一起负责产品构架的梳理，并根据需求进行产品构架、流程、界面布局的设计，输出具体的交互方案与标准的交互文档，配合产品经理实现产品目标。

- ☑ 设计呈现　☑ 沟通能力　☑ 调研能力　☑ 人才培养
- ☑ 团队协作　☑ 数据分析　☑ 逻辑思维　☑ 总结能力

视觉设计师

根据交互方案，设计产品最终界面的高保真视觉方案，需要对大众审美、潮流趋势等内容有较强的敏感性，并与产品经理、交互设计师等同事一起推动产品实现最终目标。

☑ 设计呈现　☑ 沟通能力　☑ 创新能力　☑ 人才培养

☑ 团队协作　☑ 数据分析　☑ 逻辑思维　☑ 总结能力

开发工程师

基于产品需求，分析技术可行性，基于产品设计效果图，实现具体界面效果与实时数据，并发布至应用市场或制作可用网站，为用户提供直接使用的应用或网站。

☑ 技术能力　☑ 沟通能力　☑ 需求理解　☑ 人才培养

☑ 团队协作　☑ 创新能力　☑ 逻辑思维　☑ 总结能力

测试工程师

基于用户场景或产品需求，利用手动与自动化测试的方法，对研发中或发布的产品进行实例测试，在对用户造成困扰之前发现产品技术问题，保证产品在用户手中的易用性与稳定性。

☑ 技术能力　☑ 沟通能力　☑ 需求理解　☑ 人才培养

☑ 团队协作　☑ 创新能力　☑ 数据分析　☑ 总结能力

产品运营

负责产品上线维护与提升用户数据，通过合理的运营方法，扩大用户群体，改善产品体验并探索新的盈利模式，尝试为产品增加收入。

☑ 营销与推广　☑ 沟通能力　☑ 项目管理　☑ 人才培养

☑ 团队协作　☑ 市场分析　☑ 数据分析　☑ 总结能力

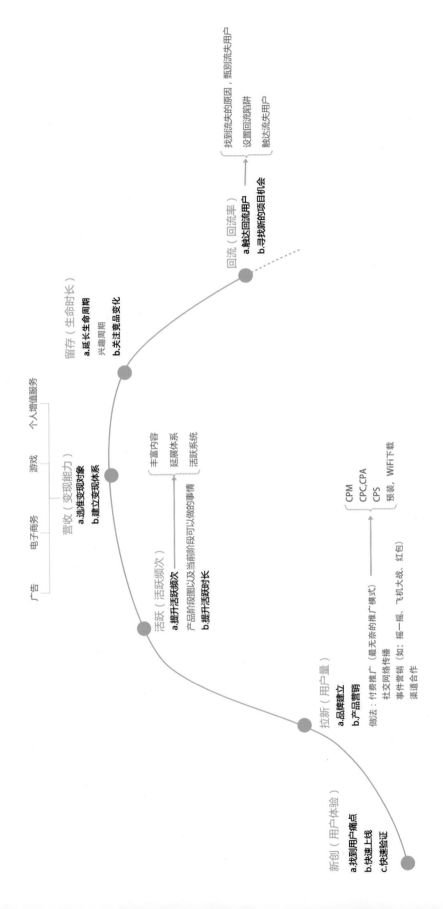

一个APP的发展阶段

新创（用户体验）
a.找到用户痛点
b.快速上线
c.快速验证

拉新（用户量）
a.品牌建立
b.产品营销
做法：付费推广（最无奈的推广模式）
社交网络传播
事件营销（如：摇一摇、飞机大战、红包）
渠道合作

CPM
CPC,CPA
CPS
预装、WiFi下载

广告　电子商务　游戏　个人增值服务

营收（变现能力）
a.选准变现对象
b.建立变现体系

活跃（活跃频次）
a.提升活跃频次
产品阶段图以及当前阶段可以做的事情
b.提升活跃时长

丰富内容
延展体系
活跃系统

留存（生命时长）
a.延长生命周期
兴趣周期
b.关注竞品变化

回流（回流率）
a.触达回流用户
b.寻找新的项目机会

找到流失的原因，甄别流失用户
设置回流陷阱
触达流失用户

for you who have been moving forward
献给一路前行的你

一个APP的诞生2.0

从零开始设计你的手机应用

Carol 炒炒　汤　圆　主编

电子工业出版社

Publishing House of Electronics Industry

北京·BEIJING

内容简介

在移动互联网高度发达的今天，一个个APP，成为我们通向网络世界的窗口。它的诞生流程，令不少对互联网世界产生幻想甚至试图投身其中的年轻人充满了好奇。

《一个APP的诞生2.0》就是这样一步一步拆分一个APP的诞生过程的。从前期市场调研、竞品分析开始，一直到设计规范、界面图标、设计基础、流程管理、开发实现、市场推广、服务设计，甚至跨界融合，都有陈述。

《一个APP的诞生2.0》被定义为一本教科书、工具书，适合想要用APP来实现自己的一个产品梦的创业者，也适合想要快速了解APP产品的整个流程的互联网职场新人，还适合想通过移动产品来转型、扩大市场、加快转型脚步的传统行业人员。

也许，你对APP一无所知或知之甚少，但是没关系，只要你对APP有兴趣，想做一个带有"个人属性"的APP，这本书就能帮到你。

图书在版编目（CIP）数据

一个APP的诞生2.0：从零开始设计你的手机应用 / Carol炒炒，汤圆主编. — 北京：电子工业出版社，2020.9

ISBN 978-7-121-39206-1

Ⅰ. ①一… Ⅱ. ①C… ②汤… Ⅲ. ①移动终端—应用程序—程序设计 Ⅳ. ①TN929.53

中国版本图书馆CIP数据核字（2020）第116208号

责任编辑：贺志洪

印　　刷：涿州市般润文化传播有限公司

装　　订：涿州市般润文化传播有限公司

出版发行：电子工业出版社

　　　　　北京市海淀区万寿路173信箱　邮编100036

开　　本：720×1000　1/16　印张：18.5　字数：473.6千字　彩插：6　黑插：1

版　　次：2020年9月第1版

印　　次：2022年3月第2次印刷

定　　价：88.00元

渗透在每一个细节中的用户体验

徐志斌

微播易副总裁，《社交红利》《社交红利 2.0：即时引爆》作者

怎么将用户体验注入到产品的基因中去？ Carol 炒炒在她的新书中提出这样一个问题。

这是典型的腾讯语境。在腾讯工作过的人们，会记得"用户体验"从来都是提及最多的关键词之一，并践行于多个部门的日常工作中。曾经，我们会看到一些发生在会议室的激烈争论，甚至下属 PK 掉上级的决定，都是因为这个关键词。

一直以来，腾讯有诸多神奇的部门，产品设计就是其中之一，说"大师辈出"也毫不为过。在他们 / 她们的手上，一款款前沿的产品从概念变成现实，从构想落实到手边，他们却又深藏不露。外界感知这个部门工作的好与坏，通常是通过一款产品使用起来的流畅度、第一眼看到时的颜值等，或者，通过听到一些类似这样的故事来感知的。

一款传奇产品的诞生，有时需要团队成员们进行大量类似"扫街"的工作。当第一个产品原型出来后，团队成员会带着原型深入到不同用户中去，观看他们在不同真实场景下使用产品时每一次真实的皱眉，每一次开心的微笑，留意流畅程度、愉悦程度，等等。完成一天实际市场调研后，再回到公司进行分析、讨论，再度升级原型，第二天再度重复进行。这样的故事会在产品的开发过程中重演几十遍。又或，一些企业会邀请用户到公司使用产品，房间背后很多员工在细心地观察和记录着用户的每一次操作，等过几天产品升级时，许多细节会被迅速修改优化，等等。

他们不仅仅是将一些产品构思实现出来，相反，如果和他们一起工作，会惊叹于他们的眼界是如此开阔，以至于我们会看到一群在人类学、心理学、人机工程学、社会学、计算机技术、美学等数十门学科交叉在一起谈论、理解和运用的部门与同事们。

可以说，每款传奇产品背后，是团队对"用户体验"变态一般地追逐与快速优化，而产品设计部门是隐藏在幕后的英雄之一。

过去，这些英雄潜藏在一个个产品神话背后。今天我们欣喜地看到，曾在腾讯一起奋战的牛人之一，Carol炒炒离开腾讯创业，并将自己的经验心得化为了一本专业书籍《一个APP的诞生2.0》。

尽管她谦虚地说，这是一本入门级的书，我却在其中看到了腾讯那些年积淀的工作经验、设计思想，化为了一个个通俗易懂的案例，以至于在草稿状态中翻阅了多遍，受益多多。仿佛回到过去在腾讯一起面对面讨论产品时火花四溅的情景再现。尤其感受深刻的这句关键提问及其答案：怎么将用户体验注入到产品的基因中去？

书中，Carol炒炒给出了诸多答案，如她建议，设计师从制定和理解需求阶段就介入进去，也建议在真实环境中或者近似于真实环境中，去测试服务概念原型，一如刚转述的前腾讯同事们带着产品原型上街，去细心观察用户们的真实感受那样。这些浸淫在工作中的点滴习惯，早已经变成了工作基因，并继而将用户习惯注入到产品中的每一个环节中去。

教育之美

龙兆曙
深圳大学设计艺术研究所所长，国务院政府特殊津贴享受者

Carol 炒炒是我湖南大学的学生，她拿给我她的这本《一个 APP 的诞生 2.0》的时候，邀请我写篇序，作为我的学生，如此有才，我是力挺她的。

看了书的内容，作为我这个岁数的人，互联网离我既近又远，我热爱朋友圈，喜欢微博，跟年轻人打成一片，但是我还是很难想象现在的"95 后"们抱着创业的梦想，弯儿也不转地就去开干了，实现它了，这是一代新人，敢想敢干。我们知道，光有勇气不行，还要有切实的技术。《一个 APP 的诞生 2.0》有很强的实战性，依我的理解，一个点子（产品创意来源）到如何科学有效地实现它，验证它，推广它都有基本的方法论。想要科学地做一个互联网 APP 产品出来，这本书可以提供一个很好的指引。

就本书艺术性来说，Carol 炒炒本科专业是视觉传达，图形设计及文字的排列有当代的气息，精美、精华，其案例的设计表达能帮助读者快速理解书中各章节的内容和知识点。

当前大学教育的内容相对社会发展的需要明显有些滞后，很多大学生毕业后反馈，学校所学难能迅速学以致用，即使是传统意义上专业对口的工作，学生也需要一年左右的磨合期才能变成一个相对成熟的职业人。这本书针对大学生教育这块做了一些有益的探索，直接将知识点整合成项目，按照本书的设计进行实操作业，对于一名毕业生进入职场，快速无缝连接，相信能起到很好的作用。

当然了，有些学生从高中时代就开始自己创业，年仅 17 岁的神奇百货 CEO 王凯歆就是这样一个例子。一个产品成就了一个梦想，产品的表达方式有很多，基于终端设备的 APP 是其中一个。

在我看来，《一个 APP 的诞生 2.0》值得学生群体和刚入职的年轻朋友及我们这些老中青的教育从业者都看一看，学校教育和社会需求的更好衔接一直是每一时代的要求。

教育培养能者，社会"能者居其位尽其才"。希望同学们一起来创造一个非常美好的新未来。

世界终究是你们的

薛蛮子
著名天使投资人

中国正好碰到一个移动互联网的大潮之后，我们传统的经济面临一个巨大的转型升级，中国的经济进入了一个新的常态。因此，在这个新旧交替的时代变革中，也造成了一个巨大的创业机会。加上我们现在政府对"双创"的巨大热情及不断支持，这个时代又是一个移动互联网不断深化进入我们生活中的每个领域的时代。

中国创业环境从某种程度来说比美国还好，从来没有见过一个国家一个政府拿出这么大的力度给这么多钱让创业者玩这个事，现在居然有大学鼓励休学创业还送钱，闻所未闻的创业时代。

有趣的是，创业大军中，越来越多的"90后"进入我的视线，还有为数不少的学生团队，拿着她们的产品来找我，说得清她们的事情，知道她们想要多少钱，这笔钱用来干啥，这很厉害！

产品最初的发生，主观上是为了自己，客观上才是为了别人。产品的表达中，APP是其中的一种。

如何准确有效快速地表达出来你的想法，是有一套方法论的。《一个APP的诞生

2.0》这本书提供了 APP 从无到有这样的一整套的方法论，照着做能帮助你少走一些产品实现上的弯路。当然，一个好的点子，能培育市场的点子那是灵魂，表达出来才能被世人看见。

炒炒的这本《一个 APP 的诞生 2.0》，有趣地表达了产品的"生"这样的过程，也用一个简单的曲线图表达出了产品的生命周期。在思维导图中也清晰地整理了全书的思维脉络，帮助读者快速地了解本书内容。

方法论这种东西还是有必要的，站在前辈的经验上前行，也算是实现产品方案的一个捷径。你有一个好点子？！实现它！

当然，想要创业，就必须做好 5 ～ 10 年艰苦奋斗的准备，要坚持，没有人能够一蹴而就。举个例子，就算你爸是刘翔，你也得 12 个月才能走路；你爸是姚明，你也不可能 12 个月就能打篮球。

我会投那些充分了解自己的人。

创业的成功是偶然的，失败才是必然的。

创业者只能把自己打造成特殊的材料，只有这样才有机会。能干的人，像雷军、周鸿祎等，即使他们今天的生意全没了，如果再给一个机会，他们同样还是会有很大的概率成就一家伟大的公司。成功总是青睐那些准备好的人。

创业本来就是在挣未来的钱！期待更多更好的创意产品来真真正正地提高我们的生活质量，优化我们的生活方式。如果你有信心改变世界，欢迎来找我，我可以帮你实现它！

距离 2016 年出版《一个 APP 的诞生》已经过去 4 年了，互联网的基础环境已经发生了变化，曾经的案例现在来看有一些已经过时，所以对《一个 APP 的诞生》进行一个内容的升级。

5 年前，APP 是个热词，5 年后，这个词热度不减，被更广泛的行业作为试水互联网的道具；产品的形态除了 APP，还出现了小程序。无论产品以什么样的形态出现，都是为了满足目标用户在某种场景下实现某种目标的工具。

《一个 APP 的诞生 2.0》基本内核没有变，依然定义为一本工具书，服务于刚入职场的职场新人、对互联网产品有兴趣的小伙伴、在校的学生等。给这些"小白用户"一个快速了解 APP，快速了解互联网产品的一个系统化的秘籍。

本书与 1.0 相比，有诸多优化。

首先，书中内容的案例大量更新。用户对故事最敏感，案例就是行业里的故事，我们增加全新案例，并将案例拆解成实操步骤，方便用户快速明白——"哦，原来是这样！"。

其次，减少概念，并增加"词表"模块。我们一直在前线工作，所以一直在这个语境中，但是刚接触这个行业的人，对一些词语其实是不大懂的，他们需要去搜索查询并了解这个新词语究竟是什么意思。我们将这些词汇进行汇总，做成词表，放在了每一篇文章的最后，方便读者能快速理解文中的这些新词或者概念。

最后，增加"小思考"。我们在学习一个新技能的时候，会发现反复练习才能掌握新技能的核心要点，既然如此，我们增加"小思考"部分，给读者留练习题，帮助读者快速地获得新技能，练习新的思考方式。

以上，就是 2.0 的初衷和内容的一个概览了。

不忘初心，方得始终。

Carol 炒炒

2020 年 4 月 8 日

现在我们正处于"工业 4.0"的过渡时代，互联网逐渐成为这个时代的基础设施，改变了知识信息的流动和传承方式，互联网触及到的每一个领域都被"互联网 +"——变化正在发生！

近几年，在移动互联网和智能手机大发展的背景下，几乎人人都离不开 APP。出门打个车，拿出手机呼叫滴滴司机；出去吃饭，拿出手机，看下大众点评；逛商场看到好看的衣服，拿出手机，上淘宝比下价格；下雨了，不想出去吃饭，拿出手机，饿了么送上门；现金可以不用带了，支付宝、微信支付可以完成支付。很难想象，离开了手机，我们的生活会变成什么样子。

在全民创业的大环境下，移动互联网感觉是门槛最低的创业领域。与传统行业不一样，靠移动产品创业，不需要店面，不需要囤货，不需要店员，只要有流量，就可以变现。

传统行业需要利用互联网进行改造和产业升级，全面对自己的产品、服务、品牌进行提升和流程改造。例如招商银行，开启了基于手机的招行银行 APP 产品后，80% 的用户都用手机进行查账、转账、还款、积分兑换等业务，不用在 ATM 或者柜台上进行操作。各行各业都在经历"互联网 +"的洗礼，各种"跨界颠覆"在所难免。在这个背景下，为了满足人们各个方面的需求，各种各样的 APP 等待人们去设计开发。

目前国家在倡导"大众创业，万众创新"，各种孵化器也应运而生，福布斯榜越来越多的"90 后"极大地刺激了人们的眼球。一面是刚出校门依然可怜的起薪，一面是同龄人因为创业而快速积累，实现了财务自由。传统行业日渐没落，它们都希望能搭着互联网的便车重现辉煌。各种各样的"互联网 +"产品应运而生。好像人人都看到了希望，觉得只要自己有一个点子，用 APP 去呈现，就能梦想成真。

在这样一个 "既是最好的时代，也是最差的时代"，书本知识逐渐被弱化，创新设计思维显得越来越重要。是的，这是一个重视人机交互、用户体验至上的创新设计时代！只有设计优秀的 APP 才会让人们接受和使用。但是，目前我们的大学并未开设 APP 设计专业，也未开设 UI 设计专业，现在市场上的 UI 设计师，大多从平面设计师、动画设计师转行过来，UE 设计师多是从工业设计师转行过来的。当然也有一些神奇的程序员，从小喜欢设计，经过自己持续不断的临摹努力，毕业后成长为一个 UI 设计师。

那怎么去做一款 APP 呢？

大学课程里没有专门的这样一门课程，技术院校也没有单独开这样的课程。写这本书的初衷，是希望有想法的大学生在学校的时候，能够完整地从设计角度出发做一个 APP 出来；或者是对设计有兴趣的产品经理了解一下设计师是如何看待一个 APP 的诞生的。当然，一个产品的诞生肯定是为了解决某一个用户痛点，也就是俗称的产品需求。本书从设计师的角度，一路带你去体验一个 APP 的诞生。书中留的作业，是为了方便小伙伴们更快速地获得一个 APP 诞生中，设计师所需要具备的基础能力。不仅仅是可以拿出效果图，还要学习理解产品 "为什么要这样设计" "这样设计会让产品获得什么好处" 的创新设计思维能力。

本书主要呈现的就是一个 APP 从无到有的过程，从市场调研、竞品分析开始，到设计规范、界面图标、设计基础、流程管理、开发实现、服务设计、跨界融合，最后到市场推广，都有陈述。

本书每一章都有一个大主题，例如开发实现这一部分：主要讲如何将看到的高保真设计稿变成可以使用，解决用户问题的 APP 产品。

在代码实现过程中，我们如何跟开发人员沟通？如何跟设计师交流？如何跟运营人员配合？对于各个角色的分工的理解又如何？如何快速地表达产品的核心理念？如何快速地还原产品功能？如何快速制造一个产品可用 DEMO？如何上传到 App Store？如何上传到安卓市场？如何让自己的产品能被市场知道？这些问题在开发实现这一部分都有详细的描述。

《一个 APP 的诞生》它被定义为一本教科书、工具书。也许，大学课程中没有这门课程，我们所读的专业可能是设计专业，也可能是土木工程专业，但是没关系，只要你对 APP 有兴趣，你想做一个属于自己的 APP，这本书就能帮到你。

本书用便签设计作为作业案例，因为便签作为工具类应用，对于初学者来说，能较快上手。从市场调研开始，我们一起去研究一下市场上的便签产品、锤子便签、爱墨、讯飞云笔记、有道、印象笔记，它们的核心点有什么不同？还有哪个市场空白点并未被解决？我们通过《一个 APP 的诞生》里所讲的步骤一起去解决它们！也去验证一下，《一个 APP 的诞生》中所述的方法论是否正确，欢迎与我们交流。

本书中呈现了大量的案例，用案例来讲解每一章的细节，帮助小伙伴们快速地理解和体会。

资源二维码（见封面资源二维码，扫码链接资源库）中会有相关 PSD 源文件，交互流程图，方便小伙伴更好更快地提升自己的动手能力。可以通过扫描相关的二维码下载。

当然，这个行业还太年轻，变化也太快，我们的经验是靠项目沉淀和时间累积来的，谁知道明天会发生什么样的变化呢？ 2011 年还是 QQ 的天下，2013 年微信已经一统江湖了。谁会是下一个微信？它会在什么时候出现？明天？后年？

有可能我们说的都是错的，但是——愿您早日实现梦想！

Carol 炒炒

2016 年 4 月 7 日于深圳

目　　录

第一篇

前期探索

　　在打造一个 APP 的前期阶段，至少需要做三个方面的准备，才能保证产品在后续的设计、开发与运营中少走弯路。本篇主要讲述项目前期，产品需要探索的内容与工作的方法，帮助小伙伴们在实际项目中清晰定位产品，尽量避免资源投入在无效的事情中。

01 用户需求

本章概述 ·······

什么是需求？需求的来源有哪些？需求跟产品之间有什么关系？需求如何排优先级？需求如何变成产品功能？让我们走进本章，一起了解需求的基本情况。

本章目标 ·······

1. 了解需求和产品之间的关系
2. 能够将需求解构为可执行的产品创意（好点子）
3. 了解工作中需求的来源和处理流程
4. 了解如何验证点子的可行性

关 键 词 ·······

需求　　用户需求　　商业需求　　产品　　功能

卡诺模型　　产品生命周期　　需求排序

1.1　需求是什么

1.1.1　用户需求

无论你是否软件、营销等行业，相信大家对"需求"这个词已经耳熟能详了。任何产品的起点都是一个需求，冰箱设计的初衷是为了解决人们储存食物的需求，微信开发的起点是解决朋友之间社交的需求，而汽车的设计的起点则是解决人们希望快速抵达另一地点的需求。

> 不管我们进行了多少消费，我们真心想要的产品和服务与我们实际购买的东西之间，总是存在着一道巨大的鸿沟。而这道鸿沟，就代表着创造新需求的机会。
> ——《需求》亚德里安·斯莱沃斯基

在思考用户的需求时，我们要不断问自己一个问题："我们能为用户提供哪些核心价值？"

根据马斯洛的需求层级理论，人的需求大概可以分成 7 个层级，分别是生理需求、安全需求、归属与爱的需求、尊重需求、认知需求、审美需求、自我实现需求，如图1-1 所示。人们为使用各种手段、工具来满足每个层级的需求，这时产品就出现了。

需求层级

自我实现需求
实现个人价值

审美需求
追求美、艺术

认知需求
认识事物规律、意义

尊重需求
对成就、声望、地位的追求

归属与爱的需求
友谊、爱情

安全需求
安全、稳定、避免痛苦

生理需求
饮食、健康、性

图 1-1　马斯洛的需求层级理论

每个产品（这里以互联网软件产品为例），都可以大致代表着用户对于一种需求的追求。

生理需求： 美团外卖、饿了么、盒马。

安全需求： 支付宝、相互保。

归属与爱的需求： 微信、陌陌、抖音、Facebook。

尊重需求： 领英、贴吧、抖音。

认知需求： 知乎、Quora、搜索引擎。

审美需求： 开眼、Dribbble。

自我实现需求： 得到、看理想。

以上的举例并非说明这些产品仅仅局限于一个需求层级上，绝大部分产品都会横跨多个需求层级。但如果试图解决过多的问题，比如支付宝尝试进入社交领域，很可能会导致产品定位模糊，丧失产品的特点和主动权。

根据马斯洛的理论，当人满足了底层需求才会继续向上追寻，就像一个人如果还没解决吃饭和健康问题，他也没有精力去考虑友情和爱情是否牢靠。这也就导致越靠近中部和底层的需求（比如生理需求、安全需求、归属与爱的需求）总体的需求量会更大，许多巨头公司产品就处在这几个层级的需求之中。产品需求的层级越向上，就越变得"小而美"，从而要求产品的格调越精准，这也是"长尾"出现的领域。

1.1.2 商业需求

一个合格的产品，不能完全关注于挖掘用户的需求，商业赚钱能力是不可或缺的。一个产品研发团队的成本非常高昂，在实际工作中，很多时候要考虑如何合理降低用户体验，提高商业价值。

为了提高广告收入，优酷视频在播放前会插入广告，如图 1-2 所示。

图 1-2　视频播放前的广告及跳过广告按钮

　　微信公众号文章内会插入广告，这是为公众号作者和微信平台创造收入的商业需求，示例如图 1-3 所示。

图 1-3　公众号文章中的广告

　　如何使用户体验和商业需求不过分互相干扰，甚至能巧妙地让用户"快乐地付钱"，是产品经理和设计师需要考虑的一大课题。我们可以借助商业模式画布来帮助我们自己和团队综合理解产品的商业定位，如图 1-4 所示。

关键合作伙伴	关键业务	价值主张	客户关系	客户群体
哪些人和单位可以给予支持？	哪些业务是最重要的？	客户的需要，商业上的痛点，你的产品核心价值。	和客户保持长期关系还是短期合作？如何合作？	目标用户可以如何划分？
	关键资源		渠道	
	哪些资金、技术、人力对于商业模式来说是最重要的？你拥有哪些？		合作的方式有哪些？	
成本结构			收入来源	
你需要在哪些项目中付出成本？			如何获得利润？有哪些收入类型？	

图 1-4　商业模式画布

　　综合考虑用户与商业这两个因素，我们才能创造出真正吸引人的产品。吸引人的产品可以让用户无法拒绝，也能保证自身的良性发展。设计师正是商业和用户体验之间的桥梁角色，通过交互、视觉等层面的设计，让产品的商业诉求更合理地传递到用户面前。

商业设计切入点

这里讨论的商业需求聚焦在互联网产品的变现上。产品的变现方式多种多样，如广告变现、电商变现、金融变现、数据变现，等等。无论变现手法如何，都涉及用户成本与付费意愿之间的较量，如图 1-5 所示。

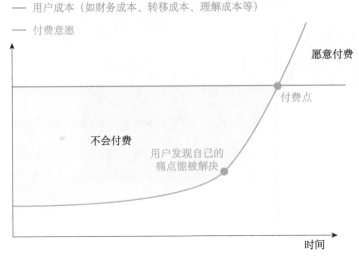

图 1-5　用户成本与付费意愿的关系

如果用户的付费意愿不足以抵消使用成本，那么用户就不会付费。很多失败的商业化设计就将"付费点"放在了图中"不会付费"的区域，在用户没有充分理解产品优势、内心尚有疑惑时就提出付费要求，这时用户往往会直接放弃使用。

付费的切入点设计有两种前提思路，第一种是通过降低售价、优化新老系统之间的数据迁移能力等，来降低用户的使用成本；第二种是针对用户的痛点打磨产品功能，快速抓住并解决用户痛点，再快速"拉升"用户的付费意愿。

这两种方式都会让"付费点"前移。值得注意的是，图 1-5 中把用户成本简化成了一条一成不变的直线，但实际情况中，每个用户因为自身情况不同，其心中的"成本"都是不同的，也会随着时间发生波动，所以需要针对不同用户群做针对性的调整。

具体到页面设计时，可以优先考虑以下两个基本策略。

基本策略 1——分化设计

分化设计即为不同的用户设计不同的变现点。设计者要首先问用户一个问题：你为什么要使用我们的产品？如果不能区分不同用户群的不同需求，仅仅简单地设置统一拦截点，你有可能失去 80% 的潜在付费群体。

目前 B 端市场中非常成熟的一种定价方案即设置阶梯式会员，产品设计者会根据不同的公司规模制定不同的收费策略和价格阶梯。这保证了小规模客户不仅可以以低价享受基本服务，而且可以将大型团队才需要的高级功能卖上"高价"。线上 SaaS 软件常见的付费模式，如图 1-6 所示。

图 1-6　线上 SaaS 软件的付费模式（图片来自网络）

基本策略 2——展示价值

在付款之前，是否让用户免费"体验"到付费功能？心理学中的展望理论（Prospect Theory）有一个著名的引申结论：大多数人对损失比收益更敏感（损失效应）。让用户在使用 1 个月的高级功能之后，"体验"到期而付费，会大大提升付费转化率。因为此时用户付费并非为了"获得"，而是为了"避免失去"。

同时，在体验的过程中用户也可以最大程度地了解产品，付费时的阻力也会降到最低。这一"免费"策略现在大量应用在各类产品上，如豆瓣阅读中，无论定价多少的书籍都可以免费试读前几个章节，如图 1-7 所示。

在吸引用户尝试使用的同时，在视觉表现层面也要尽量将付费成果表现清楚。用户之所以愿意付费，不是因为喜欢某个功能，而是希望借助这个产品变成一个"新的自己"。将购买后用户能变成什么样子描述清楚，比如知识付费型软件常常暗示付费之

图 1-7　豆瓣阅读中的免费试读模式（图片来自网络）

后可以"变成一个有学识的人"。如果能够真正理解用户想要做的那件事情（Job-To-Be-Done），并提供有用的帮助，用户会非常高兴地付费购买。

　　商业模式多种多样，与之匹配的设计方法也难以穷尽，但以用户为中心设计、打磨提升自身产品价值是所有商业化设计的基石。后续章节会深入讲述如何了解用户诉求、如何使用设计思维来设计出恰到好处的产品。

1.2　从需求到产品

　　不管是用户需求还是商业需求，它们都是客观存在的，通过如下几个步骤我们可以将众多用户需求进一步重组、筛选、转化，并形成一个产品：

　　（1）收集和整理需求。

　　（2）筛选、确定需求的优先级，找出关键需求。

　　（3）验证关键需求的真伪。

　　（4）进行具体的产品设计，如交互方案设计、视觉设计、开发方案等。

　　下面我们结合实际工作中的流程，着重说明前三步。

1.2.1　工作中的需求处理过程

　　通常，产品部门会负责收集、整理需求。当市场部门需要发起一次市场活动，或者客户服务部门收到了用户的反馈，或者老板有新的产品开发计划时，都会首先和产品经理进行商讨。需求的流转，如图 1-8 所示。

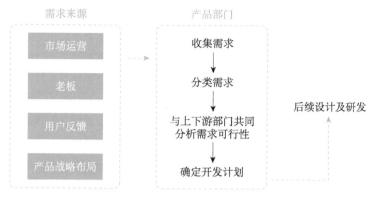

图 1-8　需求的流转

这时，产品经理不仅仅要思考哪些需求对用户有利，而且还要积极地和上下游部门进行沟通，兼顾商业价值高低，以及技术实现的难度等。合理需求，如图 1-9 所示。

图 1-9　合理需求

1.2.2　需求的收集

需求的来源和种类非常多，大体上分为如图 1-10 所示的几类。

A.来自老板　　　B.市场部门　　　C.竞品启示　　　D.用户研究

图 1-10　需求的不同来源

四种常见的需求来源

A. 来自老板（关键利益相关者）

如果是中小规模的企业，需求更可能直接来自老板，这时需求往往是比较笼统的。你的老板可能会这样说："我们这个季度打算做评分系统，让用户能够给送餐人员打分，这样可以激励更优质的送餐服务。"接下来产品和UX设计师会对该需求进行分析，明确场景、使用者等问题。

但问题是，很多产品设计者只会"照葫芦画瓢"，严格按照老板的吩咐设计产品，最终效果往往不甚理想。了解关键利益相关者（如老板、甲方等）需求产生的背景、深层意图是非常重要的。

所谓利益相关者，包括老板、项目相关负责人、上下游供应商，以及关键用户和政府，等等。如果将一个项目中所有利益相关者（Stakeholder）按照影响力/切身利益矩阵分类，我们可以看到老板大部分情况是处于D组，既有非常高的影响力，又有着很高的切身利益，是项目中非常关键的角色，如图1-11所示。

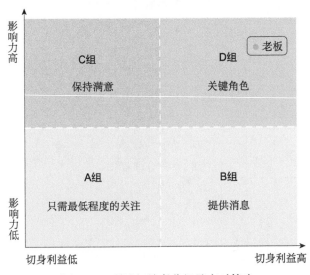

图1-11　利益相关者分组及应对策略

所以作为产品设计师，要透过需求的表面，深入了解老板或上司的意图。他们往往会思考更多宏观方向、商业战略相关的问题。了解这些问题，可以帮助我们有的放矢地进行后续的设计，避免反复改稿，甚至用回第一稿状况的发生。

我们可以利用利益相关者访谈（Stakeholder Interview）的方法来了解这些需求。访谈流程和普通的用户访谈比较类似：首先制定访谈计划并撰写访谈问题、邀约利益相关者（老板等）进行访谈。访谈结束后整理访谈结果并输出结论与团队共享。

这里分享一个常用的访谈提纲供大家参考。

利益相关者访谈常用问题提纲

产品愿景

- 你个人如何定义这个产品的成功标准？（重点）
- 你最担心这个项目会发生什么事情？最差会有什么事情发生？
- 这个项目的商业意义是什么？（重点）

价值定位

- 我们为用户解决了哪些现有问题？
- 我们提供的核心价值是什么？（重点）
- 主要的市场反馈应该是什么？

目标市场

- 我们想把这个产品主要卖给谁？
- 目标顾客现有的问题是什么？
- 他们现在有解决方案吗？我们和这些竞品应该有什么样的不同点？

团队协作

- 你认为我应该去和哪些人再聊聊？

上述问题不必要每个问题都得到答案，但重点问题最好可以得到明确的结论。如果时间不充足，其他问题比如"目标市场"我们可以通过市场调研等方法逐步完善答案。而重点问题决定了产品的设计方向、成果的衡量方法，务必在启动设计和开发前了解清楚。

利益相关者访谈不但可以帮助团队了解商业动机，也可以帮助老板（或其他人）在这个过程中厘清思路。很多初级甚至资深的产品经理或设计师往往忽略这个访谈步骤，这就导致团队仅仅知道"这个产品要做成什么样"，但不了解"为什么要做成这样"，以及成功、失败的标准。团队上下明确成功标准及战略目的，可以极大地避免因目标混乱造成的资源浪费。

B. 市场部门

例如需要产品支持周期性活动运营，支持抽奖功能，支持商品秒杀功能，等等。这些需求大部分会汇集到产品部门，有时也会直接和设计部门对接。关于市场运营的内容将在本书后续章节中详细说明。

C. 竞品启示

使用竞品分析的方法可以让我们快速了解目前的市场情况、对手的优缺点等。了解了对手，就可以根据对手的策略和弱点来开发针对性的功能进行防守或反击。如何进行竞品分析我们会在后续章节中详细说明。

D. 用户研究

主动进行用户研究是获取真实用户声音的最好途径。这些需求一般由产品经理和用户体验设计师（UX）整理和分析，方法主要有用户访谈、问卷调查、可用性测试、用户反馈分析、用户行为数据分析等。其中，用户访谈可以最直接地了解用户的想法、态度，以及使用中的行为细节。美国最大分时租车公司 Zipcar，在遇到用户使用率持续低迷问题时，对邀约大量用户进行了访谈。用户谈到对租车的看法时说道："如果足够方便，不用走很远就可以找到，我会经常租车出门。但是现在我周围都很少有能用的车。" Zipcar 在进行大量调研之后，得到一个看似简单但却非常关键的需求：当一位用户需要用车的时候，一定要在 5 分钟路程范围内找到一辆可租的车。根据这个需求，Zipcar 改变了产品经营的策略，从大面积铺车改为小范围、高密度的车辆部署，并重点优化软件中的寻车、调度等功能，成功度过了艰难时期。

同时，提供多种反馈渠道也非常重要。让用户可以方便地通过电话、邮件、APP内留言等方法直接反馈使用中的问题和建议（以支付宝为例，如图 1-12 所示），可以获知很多需要"紧急"处理的问题，或功能开发建议。例如，用户提出的修复型需求："你们的头像图片一直上传失败，怎么办啊？"，改进型需求："我希望可以支持自选图片上传并作为头像"。这类问题经常来自产品的核心用户，因为普通用户很少会大费周章地提出建议。核心用户是产品的忠实粉丝，他们的意见往往深入且准确，可以帮助产品设计团队发现新的机会。

如果团队中已经针对关键操作点进行了数据埋点，那么产品设计团队还可以了解用户的操作过程。例如，分析购物页面的跳出点与最终转化率之间的关系，可以找到刺激消费者付款的最佳机会点。随着技术的发展，已经有了很多成熟的无埋点技术，而数据的获取成本降低，意味着面对大量数据的分析能力将变得越来越重要。

其他用户研究的方法和工具我们会在后续章节中详细说明。

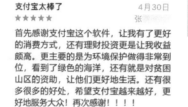

图 1-12　收集隐藏在评论中的需求（以支付宝为例）

需求汇总和整理——需求池

需求池是一个笼统的说法，指未经整理和排序的需求，会被首先收集在一起，方便后续进行整理。一般需求池会使用一些软件来建立，比如 Jira、明道、teambition，或是企业内部自建的需求管理系统。例如，使用 Jira 分类管理的需求池，如图 1-13 所示。

图 1-13　使用 Jira 分类管理的需求池（来自 Atlassian Community 示例）

建立需求池后，其初始阶段将会汇总所有的需求，但并未区分它们的重要程度。产品团队下一步要对其中的需求进行筛选并且确定优先级。

1.2.3 筛选并确定需求优先级

通过各种渠道、手段，我们收集到了很多用户和商业上的需求。但一个团队不可能同时解决所有需求，那么如何筛选出对于用户、产品自身发展真正重要的需求呢？下面我们从产品角度和用户角度分别进行说明。

产品角度——产品生命周期分析

产品的成长和人类的成长是类似的，在一款产品的"一生"中，同样会经历最初的诞生、增长、成熟、衰老。就像我们不应该让婴儿直接学习高等数学一样，一款产品在不同阶段应该关注不同类型的功能，来保证健康发展。产品生命周期曲线，如图 1-14 所示。

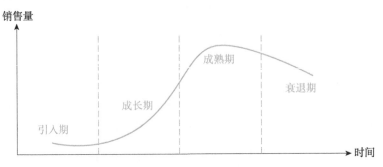

图 1-14 产品生命周期曲线

下面对各个周期的特点进行概述。

引入期：即产品刚刚进入市场的时期。在这个时期不要试图"以功能量取胜"，而应该细致打磨产品的核心功能，打动核心用户，让这些种子用户帮助产品在市场中形成自传播。

成长期：这个时期用户快速增长，产品从"小众"发展到"大众"。这时的产品策略是要继续打磨核心功能，围绕核心功能谨慎开发新功能。同时逐渐把功能组件化、规范化，以应对快速增长的用户量。

成熟期：此时产品用户量趋于饱和，增长速度放缓。这时要进行用户的精细分层，为各类用户提供"魅力型功能",进一步转化摇摆不定的中立用户。

衰退期: 产品增长保持核心业务质量的同时,增加业务类型,寻求和尝试转型契机。

那么如何判断自己的产品处于何种周期? 我们可以从以下几点入手:竞争者、用户数、销售量、利润。虽然每个阶段没有严格的指标,但我们可以从这四个维度的变化趋势来衡量产品的位置。例如,你的产品销售量在半年后开始快速增长,竞争者逐渐出现,而且用户数已经初具规模,那基本可以判断你的产品应该处于成长期,此时就应该打磨核心功能、产品逐渐组件化来为即将到来的大量用户做好准备。其他各个周期的特征,如图 1-15 所示。

销售量	低	快速增长	有降低趋势	下降
竞争者	基本无	增多	多	减少
用户数	核心种子用户	较多	大众	后随者
利润	负或微少	高	逐渐下降	低或负
	引入期	成长期	成熟期	衰退期

图 1-15　判断产品所处周期的方法

产品生命周期是一个直观、清晰的分析工具,但其自身也存在一定的缺陷,在使用的时候要加以注意。

首先,产品的生命周期是可以延长的,并非处于衰退期的产品就注定了逐渐衰败的命运,通过探索和深入用户需求,和现有业务产生"联动",产品可以无限次地焕发新的生机。近年来非常成功的"微信",从基本通信到摇一摇、附近的人、公众号,通过正确的战略布局和产品质量把控,将其生命周期不断延长,在上线的 8 年之间几乎保持在成长和成熟期。

其次,产品生命周期既适合单个产品,也适合产品集群。这往往导致多种因素同时作用,有时很难严格划分产品周期的起止。所以产品经理和设计师不仅要了解产品自身的状态,比如用户量、留存等指标,还要理解同一条产品线下各个产品能否互补,一加一是否大于二? 同时,市场上同类产品的状态、竞争者的数量和战略会迫使产品提前进入下一个阶段或是退回上一个阶段,商业和市场环境对产品的影响不可忽视。

用户角度——卡诺模型分析

人的需求可以说每天都在变化，哪些功能是用户不在意的？哪些功能又是必须做的？我们在整理需求池的过程中，要不断问自己两个问题：

- 哪些需求才是用户真正喜欢的？
- 我们应该优先实现哪些功能？

这里要介绍一个分析需求类型的方法——卡诺模型。卡诺模型可以帮我们分析、归类用户的需求，如图 1-16 所示。

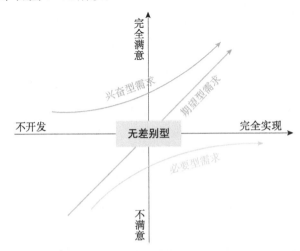

图 1-16　用户满意度与功能实现度划分需求类型（卡诺模型）

卡诺模型的研究步骤为：从需求池中选出要研究的功能，并招募用户→设计和发放问卷→分析结果。

确定要研究的功能

我们可以将那些经过初步筛选，但依然无法确定对用户重要程度的功能集合在一起，使用卡诺模型进行分析，筛选后的需求数量最好控制在 3~5 个。

这里最好招募到这些功能的实际用户，他们可以提供更准确的反馈。

设计和发放问卷

问卷将围绕每个功能问用户两个问题，一个是正向问题，另一个是反向问题。每个问题首先从功能描述开始。

功能描述：【被测功能】可以帮助你【做某件事情】，解决【某种问题】。

正向问题：如果有这个功能，您的评价是？

反向问题：如果没有这个功能，您的评价是？

下面以淘宝"上架通知"作为一个待分析案例（虚拟），其问卷问题，如图 1-17 所示。

淘宝的"上架通知"功能可以帮助您追踪商品的上架状态，让您第一时间得到通知，不再错过喜欢的商品。

	我很喜欢	理所当然	无所谓	勉强接受	我很不喜欢
如果淘宝有"上架通知"功能，您的评价是？	○	○	○	○	○
如果淘宝没有"上架通知"功能，您的评价是？	○	○	○	○	○

图 1-17　问卷问题示例

分析结果

首先整理每份问卷的答案，根据图 1-18 可对用户的回答进行归类。

具备/不具备	我很喜欢	理所当然	无所谓	勉强接受	我很不喜欢
我很喜欢	Q: 可疑结果		A: 魅力属性		P: 期望属性
理所当然					
无所谓			I: 无差异属性		M: 必备属性
勉强接受					
我很不喜欢	R: 反向属性				Q: 可疑结果

图 1-18　问卷答案分类

I 无差异属性（Indifference）：用户不在意这个功能，不管你提不提供，用户都不介意。我们在设计中要注意不能在这类功能上浪费精力。

A 魅力属性（Attractive）：超出用户预期的功能，如果没有，用户不会感到不满意，但如果提供，会大幅提高用户的满意度。每个产品最好都要有标志性的魅力功能，这样可以潜移默化地建立品牌形象。

P 期望属性（One-dimensional）：又称为"线型品质"，用户的满意度随着功能的好坏而变动。这类属性要非常注意打磨细节，因为每一份投入都能换来用户满意度的提升。

M 必备属性（Must-be）：这类属性是产品的基本属性，如同电话的通话功能，做得好用户不会因此更加满意，但如果做得差，用户会四处抱怨，严重降低满意度。

R 反向属性 (Reverse)：提供这类功能后用户满意度反而会下降。一般来讲这类功能都出自于商业目的，比如必须看完的广告，安装时自动安装的"全家桶"，等等。

虽然这类商业需求非常有必要，但产品设计者应该找到一个平衡点，最大程度地降低用户的不满情绪。

整理所有用户的答案，并综合到一起得到"上架通知"功能的属性占比表，如图 1-19 所示。

淘宝的"上架通知"功能						统计结果	
具备/不具备	我很喜欢	理所当然	无所谓	勉强接受	我很不喜欢	A: 魅力属性	8%
我很喜欢	4%	2%	4%	2%	15%	P: 期望属性	15%
理所当然	3%	3%	0%	0%	12%	M: 必备属性	42%
无所谓	0%	0%	0%	0%	23%	R: 反向属性	6%
勉强接受	0%	0%	0%	0%	9%	I: 无差异属性	3%
我很不喜欢	0%	0%	0%	1%	0%	Q: 可疑结果	4%

图 1-19　综合功能属性占比

完成问卷的统计后，可以通过计算 Better-Worse 系数来进行功能分类：

满意系数（Better）Better = $(A + P) / (A + P + M + I)$ = （魅力属性 + 期望属性）/（魅力属性 + 期望属性 + 必备属性 + 无差异属性）

不满意系数 (Worse)：Worse = $-(P + M) / (A + P + M + I)$ = -（期望属性 + 必备属性)/(魅力属性 + 期望属性 + 必备属性 + 无差异属性)

根据以上公式计算得到 Better 和 Worse 值后，利用坐标轴归类得到如图 1-20 所示结果。

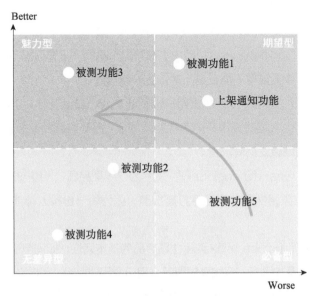

图 1-20　Better/Worse 系数分析

通常来讲，我们应该从必备型功能开始开发，然后是期望型、魅力型功能，无差异型功能要视具体情况选择转型或放弃。

1.3　验证和修正

在互联网大潮中，好点子是不缺的。但经过这几年的大浪淘沙，无数梦想改变世界的点子都被证明是一个伪需求。

那么如何判断你的点子是一个真正被人需要而且有价值的点子呢？

没有一个公式可以准确地计算需求的真伪。无论是多么严谨的逻辑推导，在极度复杂的真实世界中都会遇到意想不到的问题。验证一个点子的方法有无数种，但真正可以保证有效的验证方法只有一个：测试。产品设计是一个测试与迭代的过程，如图 1-21 所示。

早期探索　　　　　　　　　　设计尝试　　　　　　　　　得到方案
发散思路，寻找灵感　　　　不断测试、迭代　　　　　　聚焦、优化

图 1-21　产品设计是一个测试与迭代的过程

测试看似是一个吃力不讨好，甚至是拖慢产品开发进度的事，但有一点要明确：需求之中的漏洞一直在那儿，只是你发现得早与晚而已。在初期的立项、设计阶段，如果能发现这些漏洞和错误，可以避免后续浪费大量的时间和人力。

验证需求的方法多种多样，这里列举比较常用、有效的方法。

1.3.1　用户需求是否被满足

最便捷的方法：低保真原型测试

低保真原型测试是一种非常快速的验证方法。你可以在只有纸上草稿或线框图的时候就进行测试，一个熟练的产品设计师可以在一天之内就完成多轮低保真原型测试和设计迭代，如图 1-22 所示。

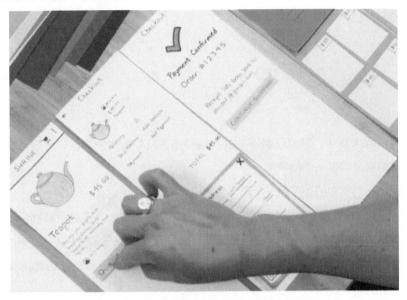

图 1-22　低保真原型测试（图片来自网络）

所谓低保真原型是指"长得不是很像最终软件，但功能和逻辑是明确的原型"，一般是纸上原型或是线框图的形式，只有部分主页面、导航设计等核心页面。相对应地，高保真原型则无论是外观还是流程，都和最终产品尽量一致。在前期验证想法的过程中，使用低保真原型进行测试可以降低修改的成本，快速试错。

低保真原型测试有以下几个特点：

- 从核心页面开始测试，允许缺少细节。
- 其目的是验证整体方案是否合理，但不会测试完整的流程。
- 对于那些没有出现在原型中的功能，可以询问用户他们的期待是什么样的。
- 如果使用纸上原型，最好和用户坐在一起，这样更方便对用户进行讲解和询问他们的想法。

性价比最高的方法：谷歌设计冲刺

谷歌设计冲刺是一个设计过程的框架，它不仅仅验证点子，还包含了一系列探索方案的过程。一个熟练的团队可以用大约一周左右的时间来完成需求调研、设计、测试，得到一个合理的设计解决方案。一次完整的设计冲刺需要 5 天的时间，时间紧急的话可以压缩至 3 天，但需要尽可能地让多元化的人参与进来，包括老板、开发人员、设计人员、市场人员,可以 5~10 人甚至更多。

设计冲刺的流程,如图 1-23 所示。

图 1-23 设计冲刺的流程

理解:本次创新设计的用户需求 / 商业需求 / 技术能力。

定义:定义你要聚焦的设计问题,以及使用什么样的设计策略。

发散:针对设计问题,发散寻找解决方案。

抉择:选择一个方案,进行后续的测试。

原型:制作原型,让点子变成现实。

验证:实际使用原型,测试方案是否成功地解决了设计问题。

详细的设计冲刺流程及使用方法可以参考《设计冲刺》(杰克·纳普 Jake Knapp 著)。

设计冲刺中的测试环节一般不会大规模投入市场,而会选择一定数量的目标用户进行小范围测试。这种方法模式获得的反馈可信度足够高,但与真实市场的反应终究存在一定差异。不过在设计冲刺过程中,强调的是想出并尝试更多的方案,快速验证和尝试。

1.3.2 商业模式是否合理

最小化可行性产品(MVP)方法

MVP 方法是《精益创业》中提出的,所谓"精益"即小步快跑,快速试错。其中 MVP 方法是前期验证需求真伪的利器。

MVP 方法指:对于一个点子,团队不应该一开始就 100% 地实现它(不要直接造火箭),而是先开发核心功能甚至使用人工模拟,然后把这个最小、可用、只有核心功能的产品或解决方案扔到真实的市场中,看用户对它的反应如何。

MVP 的目的

验证基本的商业假设：价值假设、增长假设。

价值假设：我们的产品对于用户的意义是什么？

增长假设：我们的产品是用何种方式来不断吸引更多人使用的？

知名的共享住宿行业公司 Airbnb 在早期就使用了 MVP 的思路来验证自己的设想。Airbnb 的创始人 Brian Chesky 和 Joe Gebbia 在旧金山创业伊始，为了测试"床位共享"这个点子，趁着国际设计会议在当地召开这个好机会，把自己的公寓作为试验场租了出去，而且最开始他们能出租的都不能说是正规房间，仅仅是 3 个充气床，所以 Airbnb 的最早 MVP 就叫作"充气床 + 早餐"（Air bed and breakfast）。Brian 和 Joe 从几张公寓照片、一个网页，以及最早租下充气床的 3 个付费用户开始，一步步发展成今天共享经济领域的巨头。如图 1-24 所示的是 Airbnb 的早期网站。

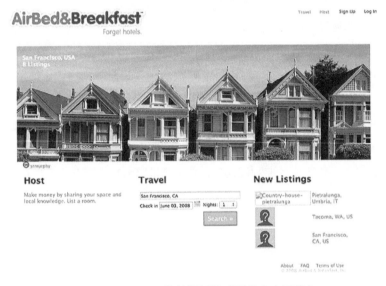

图 1-24　Airbnb 的早期网站（图片来自网络）

MVP 验证步骤

（1）开发：定义价值假设和增长假设，开发 MVP 并投放给真实用户使用。

（2）测试：经过创新核算（对比前后的指标差异，但选择指标时要避免选择"虚荣指标"，比如用户总量等），判断第一步的假设是否成立。

（3）认知：通过 MVP 验证过程中得到的经验认知，判断是继续开发还是转型。

三种最小可行性产品（MVP）的设计思路

（1）视频式最小化可行性产品：仅仅拍个使用视频，让顾客看效果并收集反馈。因为这种方式完全不需要有真实产品，很多企业在众筹阶段经常会使用这种方式。

（2）贵宾式最小化可行性产品：仅对少数的几位顾客提供 VIP 服务，用于以最小成本检测最初的假设并优化产品的服务流程。

（3）用人工代替：先用人工来实现功能，在人数少的时候，临时招聘人力来实现功能。点子验证通过后再正式开发 APP 和其他系统。某迅速崛起的二手书流转平台，最开始并不清楚"邮寄收购二手书再转卖"这个点子是否成立，他们便在初期用人工充当后台，利用 Excel 软件来管理数据。团队在这个过程中不断优化流程，并且发现用户反馈很好，增长数据稳定，之后才开始开发自己的公众号和小程序。

相比于其他方法，MVP 能够直接获得一手的市场检验数据，是验证想法最有效的方法。相比于其他更简单的方式，MVP 方法虽然仅验证核心假设，但依然要投入一定的人力物力，且一次一般只能验证一个产品方向。

本章思维导图

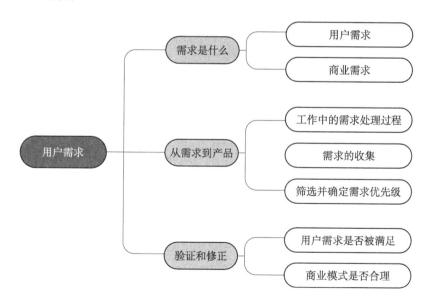

小思考

1. 您现在正在做的产品能解决用户哪些问题？

2. 选择一个产品，分析它现在处于产品生命周期的哪个阶段？为什么？

3. 卡诺模型是用来做什么的？

参考资料

［美］埃里克·莱斯 . 精益创业 [M] . 吴彤译 . 北京：中信出版社，2012.

［美］Jaime Levy. 决胜 UX[M]. 胡越古译 . 北京：人民邮电出版社，2017.

［美］亚德里安·斯莱沃斯基（Adrian J. Slywotzky）/［美］卡尔·韦伯（Karl Weber）. 需求：缔造伟大商业传奇的根本力量 [M]. 黄昕编 . 龙志勇，魏薇译 . 杭州：浙江人民出版社，2013.

［美］Marty Cagan 马丁·卡根 . 启示录 [M]. 朱月俊，高博译 . 北京：中国人民大学出版社，2019.

专业词表

需求层级理论：马斯洛将需求分为 7 个层级，分别是生理需求、安全需求、归属与爱的需求、尊重需求、认知需求、审美需求、自我实现需求。

商业模式画布：一种分析产品或企业的商业模式构成的工具，可以帮助设计师和经营者深入分析目标用户、渠道、盈利模式等。

利益相关者访谈：用研方法的一种，其目的是了解关键利益相关者的深层动机，以确保后续产品设计方向与商业意图一致。

需求池：将收集到的需求汇总，做进一步处理的工具。

产品生命周期：将产品的运营周期划分为引入期、成长期、成熟期和衰退期。根据每个周期不同的特点帮助产品设计和运营人员分析策略。

卡诺模型：一种分析、分类需求的方法，将需求分为魅力型、必备型、期望型、无差异型，可以帮助团队确定需求的优先级。

低保真原型测试：通过线框图、简略原型等便于迭代的方式快速测试产品创意，是验证需求真伪、获取真实用户反馈的常用方法。

谷歌设计冲刺：谷歌设计冲刺是一个设计过程的框架，它不仅仅验证点子，还包含了一系列探索方案的过程。

最小化可行性产品：MVP 方法是通过最小可行性产品的不断迭代，进行小步快跑，快速试错。

02 竞品分析

本章概述 ··

通过观察和分析竞品，能够帮助我们了解市场动态变化、市场格局，找到细分机会；也能帮助我们获取灵感，吸收经验，策划优质活动；当竞品出现杀手级功能或病毒型活动的时候，也能够迅速跟进；被对手验证不成功的活动，我们也可以少走弯路。那么产品设计师该如何输出一份竞品分析报告呢？本章将介绍竞品分析的相关内容，让产品设计师掌握竞品分析的方法。

本章目标 ··

1. 了解竞品分析的意义
2. 掌握竞品分析的基本方法

关　键　词 ··

竞品　　竞品选择　　行业情况　　用户概况　　功能梳理

2.1　为何要做竞品分析

竞品分析的概念最早来源于经济学领域，是指对现有的或潜在的竞争产品的优劣势进行比较分析，竞品分析在产品发展的各个阶段都具有一定的指导作用。

> 知己知彼，百战不殆。
>
> ——《孙子兵法》

竞品分析是一项烦琐的工程，在不同的企业中发挥着不同的价值。一般而言，我们需要进行竞品分析无非是为了满足以下两点。

一是为了满足企业战略规划与产品市场开拓的需要

当我们进入一个新的市场时，需要通过竞品分析来描述我们与市场、同行的关系，以此评估自身产品的优劣，规避市场占有者设置的障碍与陷阱，寻找机会与新的设计点，同时也能为产品设计带来新的洞察与灵感。

二是由于产品发展经历不同的周期，产品设计需要竞品分析作为参考依据

例如，处于探索期的产品往往为了进入市场，需要了解用户习惯，寻求普遍性。而处于成长期的产品为了摆脱同质化，需要在竞品中发现差异与创新点，这一点可以结合我们在第 1 章中提到的产品生命周期来理解。

竞品分析的目的

我们进行竞品分析的动机是多方面的，为了快速定位分析的目的，可以通过询问两个问题来实现：我们的产品处在什么阶段？我们的产品需要进行什么改变？

1. 当我们将要进入一个新的市场时，也就是说我们的产品处于引入期，需要了解市场的规模现状与竞争者，以制定发展策略。此时，我们进行竞品分析的目的即了解市场与竞争者，从宏观角度看待全局。

2. 当产品进入成长期时，面对诸多竞争者的挑战与压力，此时为了避免产品同质化，发挥产品特性，我们进行竞品分析的目的即寻找细分市场与市场缝隙，寻求差异化发展。

3. 当产品进入成熟期时，产品运营与防御策略的重要性就凸显出来了，我们需要随时应对市场的可能变化，避免疏忽而给竞争对手太大的机会。

这两个问题包含了我们进行竞品分析的背景与动机，有利于分析者根据自身企业或产品情况明确分析目的。完成之后，我们就可以根据分析结果选择竞品进行分析。

2.2　如何进行竞品分析

竞品分析流程，如图 2-1 所示。

图 2-1　竞品分析流程

2.2.1　选择恰当的竞争产品

多角度来衡量

由于市面上的同类产品过多，会对竞品的选择造成影响。有的竞品会由于用户基数大，成为我们的第一选择，而有的竞品作为近期的热门话题，我们也会将其作为考虑对象。竞品的影响因素是多方面的，我们可以通过定位竞品来帮助选择，在这里提供两个快速定位竞品的方式。

- 需求定位（产品需求）：产品满足的市场需求是否一致？（在产品功能上是否可以互补？）
- 用户群体（面向用户）：产品面向的用户群体是否一致？

当我们为竞品回答这两个问题后，将其对应到图 2-2 所示的象限中，为竞品进行定位，以此来分清主次与优先级。

去哪里发现竞品

寻找竞品的方式有很多，一般而言可以通过以下三种渠道来寻找：

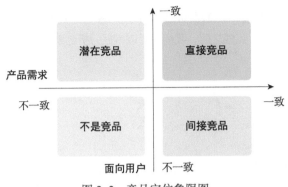

图 2-2　竞品定位象限图

- 应用商店（各大安卓市场、App Store……）；
- 产品平台（Next、Productunt、mind……）；
- 资讯平台（知乎、36kr、人人都是产品经理……）。

在寻找竞品时，我们可以利用发散关键词的方式来探索一个领域内的产品。例如，一个健康类产品，我们可以从"健康"延伸到"健康行为"获得睡眠、运动、饮食等关键词，又可以从每一个关键词延伸到新的关键词中（睡眠辅助、健身指导、热量计算）。

解释竞品的版本

当我们通过上述方式确认要进行分析的竞品后，有必要对竞品现状进行说明。由于互联网产品更新周期短，迭代速度快，为了避免在产品研发过程中后续阶段人员对竞品的理解出现差异，造成矛盾，我们需要将此时选择的竞品的基本信息绘制成一个表格，如图 2-3 所示，其内容包含选择竞品的测试版本、发布时间、测试平台等条目，这些内容可作为其他分析参与者的参考。

	QQ音乐	网易云音乐	虾米音乐
竞品类型	音乐发现与分享	音乐交流社区	在线音乐平台
测试平台	移动端（iOS）	移动端（iOS）	移动端（iOS）
发布时间	2005	2013.04	2013.1
测试版本	9.5.5	6.4.5	8.1.8

图 2-3　澄清竞品分析背景

另外，在一些研究型项目中，我们的产品可能是一个创新功能点或模块化组件，往往无法找到一个独立的实体竞品进行分析（如系统搜索、路线导航），那么就需要我们从间接竞品或潜在竞品中寻找，或分离其他产品中的功能点来完成分析。

2.2.2　分析竞品行情与市场

在确定竞品后，我们应当开始深入了解竞品所在的行业情况，行业报告能对用户需求的描述组成从宏观到具体的分析报告。需要注意的是，由于行业分析涉及地理范围广阔，用户数量较大，因此行业分析报告往往是由专业的咨询企业进行调研分析整理所得的，个人或小型团队难以完成，但一般可以从网络中搜集或购买二手资料。

如何获取行业报告

除了从发现竞品的资讯平台中寻找，我们还可以从一些知名数据媒体发布的报告中取得，如艾瑞、易观、199it 等，也可以直接通过搜索引擎获取行业报告。一般而言，行业报告中也会包含一部分竞品数据，因此我们可以利用这部分数据来对竞品进行评估和定位。例如，艾媒咨询关于中国动漫产业投融资现状，如图 2-4 所示。

图 2-4　第三方行业报告（图片来源：艾媒咨询）

利用 SWOT 进行初步分析

在分析的初始阶段，从宏观角度对产品所在市场进行分析有利于分析者把握产品的大方向。这里选择了战略规划中众所周知的 SWOT 分析方法进行分析。SWOT 分析方法通过对企业或组织内外部条件及各方面内容进行分析，进而分析组织的优劣势、面临的机会和威胁。它包含 4 个维度：

- Strengths（优势）
- Weakness（劣势）
- Opportunity（机会）
- Threats（威胁）

这里，我们以 Bilibili 作为案例，以 SWOT 分析方法进行分析，如图 2-5 所示。

Strengths	Weakness
1.有大批具有创造力的主播和番剧资源，稳定产出内容 2.积累大量具有深厚情感归属的用户，用户忠诚度高 3.应用体验优秀，非强制广告播放获得大量用户赞同 4.依靠二次元动漫发展出手游、电商行业，引导用户数量的增长与变现	1.诸多影视资源与娱乐节目版权的缺乏 2.新用户流入导致用户质量参差不齐，甚至引发网络暴力 3.平台收入渠道狭隘难以面对日益增加的运营成本，来自服务器、带宽、流量方面的压力不断扩大 4.内容质量下降，同质化趋势明显
Opportunity	Threats
1.娱乐视频学习、制作成本降低，有机会挖掘更多有潜力的新主播，获得新资源 2.用户精神需求的提升，而以二次元为核心延伸出来的内容，适用人群广泛 3.近年国漫兴起为国内动漫行业带来了新的市场与机会	1.视频行业巨头引发的版权封锁与纷争 2.在抵御传统综合视频网站的同时，还受到新兴短视频、直播行业在用户争夺方面的压力 3.政策方面对视频内容、游戏的审查更加严格

图 2-5　SWOT 分析法

在分析时，请务必明确以上描述中，Strengths 与 Weakness 是从分析者所负责的项目出发，对自身的优劣势进行分析的，而 Opportunity 与 Threats 则是从外部环境中发现影响因素的，要避免在分析时混淆了它们的出发点。同时，每一个分析维度都能够相互组合成为产品的发展战略（如图 2-6 所示）：

	Opportunity	Threats
Strengths	SO战略 1.鼓励创作以国漫为核心的新内容，保持已有用户的忠诚度同时不断吸引新用户 2.与国产动漫企业合作，购买版权，同时基于热门国漫打造新的IP周边产品与游戏	ST战略 1.依靠鼓励新内容、新主播的创作，弥补版权不足的情况 2.鼓励主播加入新的媒体形式，完善不同形式的观看体验
Weakness	WO战略 1.通过鼓励高质量、原创、合法的内容创作，避免内容纠纷的同时提升用户质量 2.运用国漫开辟新的盈利模式，增加收入	WT战略 1.通过资金投入或企业合作加强对版权的取得，缓解版权紧张问题 2.在用户运营上加强对互动功能的审查与监管，避免话语暴力引发的法律问题

图 2-6　SWOT 分析法组合战略

- SO 战略（发挥优势，抓住机会）
- ST 战略（发挥优势，抵御威胁）
- WO 战略（规避劣势，利用机会）
- WT 战略（弥补劣势，规避威胁）

通过以上的分析，我们能够对竞品形成大致的判断，这有利于我们后续把握分析的方向。

2.2.3　了解用户特征与情况

同类型的竞品往往拥有一致的用户群体，因此为了提高效率我们只需要对直接竞品的用户群体进行一个简单分析，而不必分别叙述。在上述的行情分析中，如果我们获得的报告包含这部分内容，就可以直接利用二手资料进行了解。若没有获取这些内容，或因为时效性导致可信度较低，我们可以通过利用公开数据进行分析。对于非专业的用户研究者，我们可以利用"百度指数"进行简单的判断。

当前版本（截至 2020 年 4 月）的百度指数包含趋势研究、需求图谱、人群画像三个数据内容，当我们输入一个关键词后，它将为我们呈现百度在其搜索功能中统计的用户指标。

趋势研究

这个部分包含搜索指数与资讯关注两个项目。

在搜索指数中，默认的是显示 30 天内的用户搜索情况，其数值大致表示了用户的搜索频次。当其数值在某一天较高时，可以反映出用户在此日对该关键词的关注度较高。例如，当我们输入"游戏"关键词时，并将时间段调整为近半年，我们可以发现在周末时"游戏"的搜索指数明显上升。因此我们可以推断用户在周末时对游戏娱乐的需求增大。同时还发现在 7 月至 9 月间，搜索指数有明显的上升趋势，据此可以判断是一部分学生用户陆续放假了，逐渐投入到游戏娱乐中，如图 2-7 所示（假设我们是一家新的游戏公司，我们是否可以在周末和假期增加平台广告的投入来获取更大的关注度呢？）。

资讯关注则反映了百度与其他媒体对关键词在时间上的关注度。如果依旧使用"游戏"关键词，近半年作为时间段，我们会发现在资讯指数的图像呈现并不规则，但

图 2-7　搜索指数（图片来源：百度指数）

在特定的日子出现了高峰，可能这几天是游戏界有什么重大事件让用户的关注度迅速提高，我们可以试着去找出其中的原因，如图 2-8 所示。而在媒体指数中，则出现了与搜索指数相反的趋势，媒体报道往往在周末较少，工作日却出现增长，如图 2-9 所示。

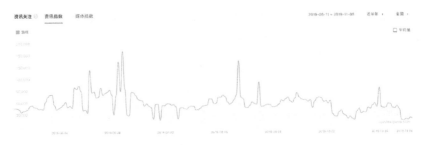

图 2-8　资讯指数（图片来源：百度指数）

图 2-9　媒体指数（图片来源：百度指数）

需求图谱

需求图谱展示了其他关键词与搜索词的联系强度和趋势，反映出用户的关注点与其变化。其中，距离表示相关强度，而颜色表示趋势变化（红色上升，绿色下降）。我们可以通过需求图谱来发现用户的潜在需求，或一段时间内的发展趋势，预测用户偏好的转变方向，如图 2-10 所示。

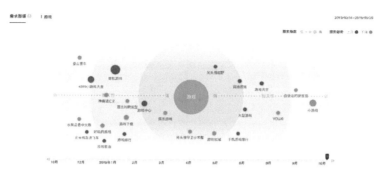

图 2-10　需求图谱（图片来源：百度指数）

人群画像

　　人群画像则比较易于理解，这里描述了关键词的搜索用户的地域分布、年龄、性别、兴趣等信息。在这里需要注意的是 TGI（目标群体指数），它反映了目标群体的该类特征用户在总群体的该类特征用户中的比例。例如，在图 2-11 所示性别分布中，百度的男性用户搜索"游戏"的比例是 63.44%，而全网搜索"游戏"的男性用户比例是 52.68%，因此将"百度的男性用户比例 / 全网男性用户比例"再乘 100%，可得 TGI=120.42%。在这个数值中，大于 100% 则表示百度的男性用户对"游戏"的偏好程度较强，可以作为目标群体进行研究。

　　通过以上对百度指数的简单介绍，我们可以尝试着去搜索更细致的关键词，例如，我们在上述内容中分析了"游戏"关键词，那么可以再试试搜索"手机游戏"或者具体到一个游戏名称。这样，我们可以更加细化用户人群，发现不同人群之间的差异。

　　需要注意的是，百度指数只是统计了百度自家产品的数据和一部分外部数据，而且地区往往集中在中国大陆地区。如果你需要分析海外产品或海外市场，则需要依靠其他的类似分析工具进行协助。

　　通过使用数据与工具的辅助再结合适当的分析，我们就可以大致定位竞品的用户群体，用简单的语言描述他们的特征。例如，搜索游戏关键词的用户是以 18 至 24 岁为主的学生用户，其中男生为主要群体，对游戏信息敏感度高。

　　除了百度指数，有许多诸如 App Annie 这样的付费数据分析平台也能够为我们提供更加详细的报告，这些平台往往包含个人无法获取的数据资料与实际调查结果等，非常值得企业内部人员进行参考。

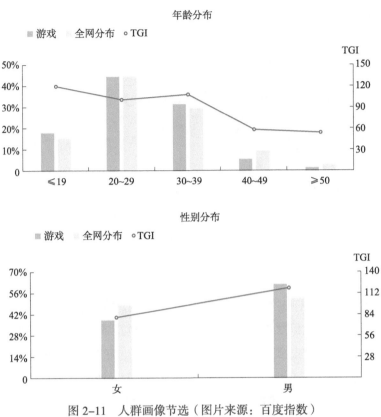

图 2-11　人群画像节选（图片来源：百度指数）

2.2.4　梳理竞品功能与结构

横向梳理——探索共性

　　首先进行基于功能设计的梳理，包括竞品的核心功能、基本功能、支撑功能运行的界面框架，以及产品的功能架构。我们通过这种围绕功能展开的横向梳理，能够快速发现竞品们的共同特征，了解它们是如何进行功能设计来应对需求的，这里我们以闲鱼与转转两款二手闲置出售平台的移动端 APP 为例，如图 2-12 和图 2-13 所示。

　　通过对产品架构的梳理，我们可以发现两款产品的主要功能都是以并列结构出现的，首页推荐、发布二手、消息与个人信息都作为主要的层级，满足用户销售二手产品的需求。而不同之处在于闲鱼将鱼塘单独列出，转转则将服务单独列出，表明闲鱼以社交作为产品的突破口，而转转以官方的检验服务作为卖点。在对主要架构有所了解后，我们可以基于结构梳理，将主要功能分类列出如图 2-14 和图 2-15 所示。

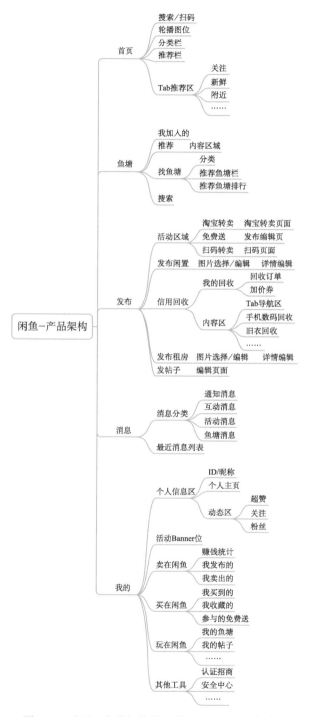

图 2-12　闲鱼-产品架构图（基于 iOS 6.5.60 版本）

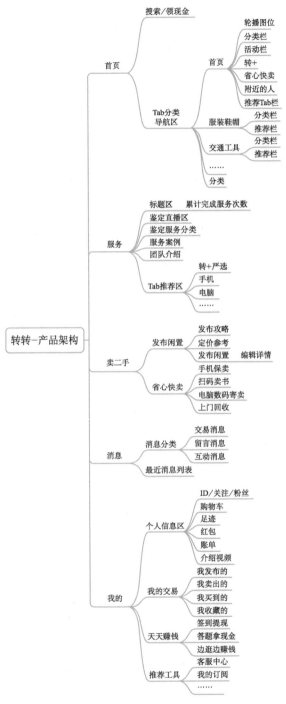

图 2-13　转转-产品架构图（基于 iOS 7.2.0-102 版本）

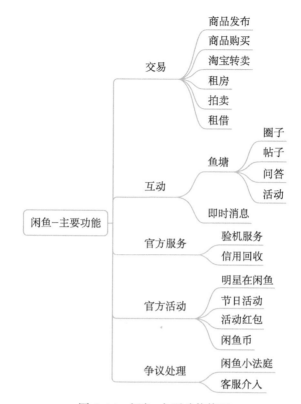

图 2-14 闲鱼–主要功能梳理

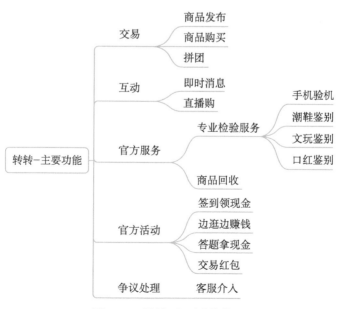

图 2-15 转转–主要功能梳理

从图中我们可以看出，闲鱼在交易种类与形式上更加丰富，不仅支持一般的商品售卖还加入了租房、租借等功能，同时互动方式结合了社区功能，提供用户聚集交流的空间。而转转则专注于传统的二手交易模式，经营特色的检验服务功能，服务类型也比闲鱼更加丰富。另外在争议处理方面，闲鱼还加入了闲鱼小法庭，邀请用户参与纠纷处理，强化了其社交互动的风格。

通过对功能的梳理，我们可以通过运用玫瑰图或雷达图的形式，分析不同竞品在功能上的侧重点。例如，闲鱼与转转功能玫瑰图，如图 2-16 所示。

图 2-16　闲鱼与转转功能玫瑰图

纵向梳理——发现差异

在完成横向梳理后，我们需要针对竞品的某个功能延伸出的交互流程进行深入分析，即对用户操作流程的梳理。我们通过纵深梳理用户的操作流程，能够发现竞品在流程设计中存在的细微差别，以此推断它们的设计策略。例如，闲鱼和转转两款二手闲置转让平台在用户发布闲置物品时的操作流程有着明显的差别，如图 2-17 和图 2-18 所示。

图 2-17　转转 - 发布流程

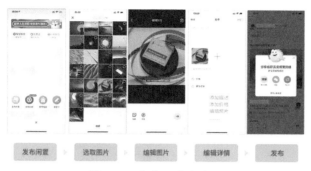

图 2–18　闲鱼 – 发布流程

我们从两个产品的发布流程中可以看出，闲鱼对发布流程进行了细分，通过特定的步骤引导用户发布闲置物品，而转转的发布页面更加传统。由此我们可以看出，闲鱼通过延长发布流程来强调产品的实物图，以提高产品的可信度，同时也对新手用户提供指导。而转转则强调商品发布的效率，体现其"快卖"的概念，减少卖家的发布成本，促进交易量的提升。

当然，由于一款互联网产品的产品线烦琐漫长，并不是每一款产品中所有的流程我们都需要进行梳理。我们只需要选取对业务有帮助的流程，探索它们的设计差异，并深入到产品战略层面进行思考。

最后，在完成以上几个步骤后，我们对竞品情况有了一定的掌握，可以用一句简短的描述概括竞品的特征。这句描述可以包含产品的推动者、用户群体、面向市场、运营特征等方面。例如，闲鱼是一款围绕阿里产品生态，结合社交特质打造的综合类闲置商品交易平台，而转转则是以官方检验服务为特色，打造多类目产品检验的二手交易平台。

2.2.5　其他分析方法

由于产品类型的不同，导致产品定位、经营策略、战略规划等方面存在差异，我们需要灵活运用其他分析方法来获得对竞品的完整分析。

分析产品的更新周期

即对一款互联网 APP 产品上线后的更新日志进行梳理。我们通过对产品更新迭代的梳理，发现竞品的更新历史来获取产品的战略规划，以此预测未来竞品的发展动向。我们可以通过专业的数据提供平台来获得更新历史：

- 七麦数据
- 蝉大师
- App Store 版本记录（iOS 平台）
- ……

图 2-19 展示了百度网盘 iOS 端 APP 在一段时间内的更新历史，我们可以发现自从 9.0 改版以来，产品在分享方面做出了许多改进，如在 9.1.3 版本中"新增了二维码文件分享功能"，在 9.6.1 版本中"新增了发现频道"，在 9.6.6 版本中"图片故事支持分享给微信好友"等变化。这体现了百度网盘对文件分享的权重逐步加大，产品形态从资源存储向资源获取与开放的变化趋势。除了获取更新记录，有的平台还会提供下载量、排名、搜索趋势等数据，都可以作为竞品分析时的参考数据。

图 2-19　百度网盘—版本更新历史记录（来源于 iOS App Store）

体验产品提供的服务

一般用于服务类产品中，对产品进行自上而下的体验，并对比竞品在某些场景中的功能或服务的表现情况。例如，我们可以通过体验不同打车出行类应用，获得应用从线上叫车到线下乘车的体验流程，之后通过对体验地图的绘制与细节的挖掘，发现设计的机会点。

测试产品的指标

在许多研究型或硬件项目中，由于技术壁垒或环境的不确定性，往往需要确定变量与测试环境，对产品进行统一标准的测试。通过测试，我们可以获得竞品的某些潜在信息，比如车载导航的定位准确度。虽然这种方式在一般互联网产品中难以遇到，但如今网络上许多博主热衷于测试不同手机的应用打开速度却成为了其最好的示例之一。

最后，将以上的内容整理为竞品分析报告或置于产品文档中进行输出，让项目参与人员明确产品情况与竞品情况。当然，分析的方式不仅限于本章所列出的内容，我们也可以结合许多市场营销策略、交互探索、用户调研等方式对竞品进行梳理。在完成竞品分析后，我们需要再次思考我们的产品特征，也就是回到最初我们为什么要做竞品分析的问题。现阶段我们是需要吸引同类型竞品的用户，迎合战略需要来打造交易生态，还是需要避免同质化与竞品拉开差距……这些问题的回答都需要与我们的战略目标相结合。为了让我们更好地思考产品设计，我们依旧需要结合用户研究的方法来探索新机会，这部分内容会在接下来的章节中继续阐述。

本章思维导图

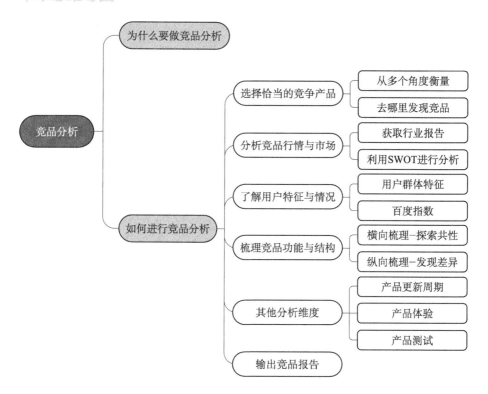

小思考

1. 请以 WeGame 移动端为例，结合竞品定位的方法，寻找几款它的竞品。

2. 尝试运用本章提到的百度指数，对闲鱼和转转进行用户人群分析。

3. 观察支付宝与微信的收款码入口，探索它们的设计意图。

参考资料

刘津，孙睿 . 破茧成蝶 2—以产品为中心的设计革命 [M]. 北京：人民邮电出版社，2018.

王坚 . 结网 [M]. 北京：人民邮电出版社，2013.

Marty Cagan 马卡·卡根 . 启示录 [M]. 朱月俊，高博译 . 北京：中国人民大学出版社，2019.

埃里克·莱斯 . 精益创业 [M]. 胡越古译 . 北京：中信出版社，2012.

百度指数：http://index.baidu.com/v2/index.html#/.

Appannie：https://www.appannie.com/cn/.

专业词表

产品生命周期：产品生命周期指产品的市场寿命，它描述了一个产品从开始进入市场到被市场淘汰的全过程。

SWOT 分析法：包括分析企业的优势（Strengths）、劣势（Weaknesses）、机会（Opportunities）和威胁（Threats），实际上对企业内外部条件各方面内容进行综合和概括，进而分析组织的优劣势、面临的机会和威胁的一种方法。

百度指数：百度指数（Baidu Index）是以百度海量网民行为数据为基础的数据分析平台。

用户群体：用户群体是指具有某些相近特征的用户所组成的集体。

03 用户研究

本章概述 ....

产品服务于用户，为用户而生。APP 的开发者如果没有很好地了解用户，往往会造成南辕北辙的状况，只有了解用户，知道用户的需求和习惯才能设计出符合用户期望的产品。用户研究是一套科学严谨的方法，让开发者可以全方位地了解用户并且明白产品是为谁而设计的。本章节我将让你学会 APP 诞生中的"读心术"——用户研究。

本章目标 ....

1. 了解用户研究的意义

2. 了解用户研究的典型方法

3. 掌握用户访谈的一般方法

4. 掌握调研问卷的制作流程及注意事项

5. 掌握可用性测试的操作方法

关 键 词 ....

用户画像　　　调研问卷　　　用户访谈

3.1 用户研究概述

3.1.1 用户研究的流程

一款 APP 的研发流程大致可以分为三个阶段：立项阶段、研发阶段、运营阶段，如图 3-1 所示。在不同的阶段，用户研究会起到不同的作用：在立项阶段，我们需要进行用户定位和需求分析。在研发阶段，我们通过各种测试评估方法来提升用户体验。当产品进入运营阶段，为了让 APP 在真实的商业环境中运行，实现商业价值，我们要继续进行用户分析和追踪研究。

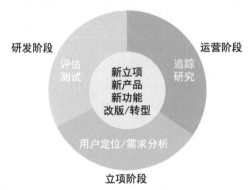

图 3–1　APP 开发流程中的用户研究

立项阶段中的用户研究

在 APP 的立项阶段，一个想法刚刚成形，通常我们对市场的了解不充分，不知道该面向哪些人群设计，不确定自己的想法是否是我们的一厢情愿。正如我们所见，每一年都会出现无数的 APP，但是成功的产品只占其中很小一部分，大部分的产品都遭遇失败，其原因可能是在立项阶段没有了解足够的用户信息。

> 不确定性的存在是因为缺乏信息，缺乏信息是因为你对所服务的市场知之甚少，而所有这些不确定性最终会转化为失败的风险。
>
> ——周鸿祎

在立项阶段我们的主要目标是制定策略，下面提供了一个为女性理财细分领域制定策略的案例。

案例——女性理财细分领域

策略制定包含以下内容：

行业背景梳理：女性理财这块市场有多大？理财女性的主要特征是什么？

竞品研究：综合平台 & 细分平台

机会评估：女性理财的细分领域还有没有机会

概念落地：细分目标用户问卷调研 & 访谈个案分析

同时，我们还需要解决这些问题：做什么、有没有机会做、怎么做、该切入什么群体，如图 3-2 所示。我们可以采取定性与定量研究相结合的方法寻找答案，其中运用的主要手段有访谈法、问卷调研、观察法等。

解决问题	研究类型	研究方法
做什么？		观察法
有没有机会做？	定性+定量	访谈法
怎么做？		问卷调研

图 3-2 立项阶段中的用户研究

研发阶段中的用户研究

在立项阶段我们已经确定了产品的目标和概念，而在研发阶段主要解决的是"How"的问题。在这个阶段，用户研究的工作就是要寻找实现目标的思路、方法。不仅如此，该阶段还要解决的是 APP 的"细节问题"，如需要确定视觉风格，产品是否符合用户的使用习惯，产品对用户是否有吸引力，如图 3-3 所示。

解决问题	研究类型	研究方法
如何设计？		参与式设计
用户能否理解？	定性为主	可用性测试
用户能否被吸引？		合意性测试

图 3-3 研发阶段中的用户研究

为了解决这些问题，我们可以运用情绪板来帮助设计师设计视觉风格，运用可用性测试对产品进行改善。这些研究都致力于把 APP 设计引向符合用户需求的方向上去。

运营阶段中的用户研究

产品上线之后，APP 在真实的商业环境中接触真实的用户，此阶段能给予我们用户对产品的反馈。在这个阶段，我们关注用户的满意度，对用户的实际使用情况进行调研，并挖掘用户喜爱或是不喜爱的原因，如图 3-4 所示。

解决问题	研究类型	研究方法
做得怎么样？ 用户是否满意？ 用户为何流失？ 设计是否合理？	定性、定量结合	用户访谈 线上数据分析 线上问卷

图 3-4　运营阶段中的用户研究

运营阶段用户研究案例——手游线上数据分析

这是一款在国内运营的手机游戏，企业欲将这款游戏推向海外市场。在这个案例中我们以国内玩家为参考，了解海外玩家的线上行为。我们利用数据可视化工具 Gephi，用玩家间的聊天记录绘制出服务器中玩家的社交关系图谱，分析海外服务器和国内服务器中的玩家在社交活动上有什么不一样，如图 3-5 所示。

海外服务器玩家社交关系可视化图谱

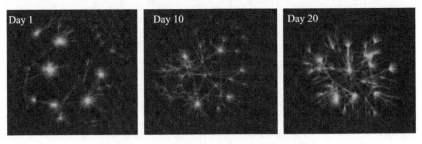

国内服务器玩家社交关系可视化图谱

图 3-5　*immortal conquest* 用户社交关系图谱

从图 3-5 中可以发现，在服务器开启后的第 1 天到第 20 天，海外玩家的等级提升有些慢，海外玩家的社交形态没有国内玩家的活跃，呈现出多个中心，更加松散。为此，我们可以用新的运营策略促进玩家间的社交行为。例如，增加更多的玩法说明，帮助用户降低游戏的学习成本，加快游戏进程。

3.1.2　团队中的用户研究

谁来做用户研究

在一些小型团队中，并没有设立专门的用户研究员。这种情况下一般由产品经理、交互设计师、运营人员来兼任。也许用户研究并没有被团队以一个职能的形式单列出来，但是实际上团队中的成员已经在做一些简单、高效的用户研究工作。例如，交互设计师会在 demo 设计阶段组织一次可用性测试，验证交互是否符合用户的使用习惯，产品经理会在立项之初了解清楚目标群体的需求。无论团队是否设置了用户研究员的岗位，用户研究这项工作在 APP 的设计与研发中都是不可或缺的。

在一些大型团队中设有专门的用户研究岗位，在这种团队中，有一名到多名用户研究员，用户研究工作由他们牵头与其他职能人员合作共同完成。例如，用户研究员与视觉设计师合作完成一次情绪板测试，或与产品经理完成用户画像的定义。

研究需求从何而来

用户研究员日常工作的需求从何而来，由谁提出呢？常见的有两种，第一种是由其他职能人员发起的需求，第二种为由用研自身提出的需求。

在接到第一种需求的时候用户研究员需要与问题的提出者深入沟通，搞清楚研究的问题，因此需要了解清楚问题的源头和范围。例如，一个国际游戏的开发团队中，运营人员总是抱怨海外用户的付费率偏低，需要用户研究员去了解一下原因。研究后，我们发现欧美用户习惯在玩游戏之前买下整个游戏，不习惯在游戏中购买道具，这是普遍存在的问题。如果不考虑用户习惯就针对游戏内的付费功能进行研究与优化，其结果则是南辕北辙，造成时间与资源上的浪费。

除此之外还有从研究人员内部提出的需求。这需要用户研究员深度介入到业务中去，从自身专业角度提出问题。这类需求主要侧重于用户体验层面，这需要用户研究员以专业的眼光去发现问题。

3.2 用户研究的方法

下面我们介绍用户研究的主要方法。在学习研究方法之前，先将这些研究方法进行分类，可以分为定量的和定性的两种，如图 3-6 所示。

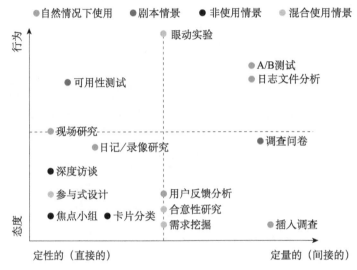

图 3-6 用户研究方法全视图

定性与定量：定性偏向于了解，而定量偏向于证实，人们认知事物的过程通常都是从定性的到定量的。到底采用哪种研究方法，实际上往往取决于资源，即企业给你多少时间、人力、经费，因为定量研究相较于定性研究需要更多的资源。如果时间非常少，我们可以简化用户研究，先依靠查询二手资料获取部分信息，待条件许可时再邀请用户进行访谈，或实地调研，也可以向咨询企业寻求帮助。

用户的说和做：是态度和行为的体现：怎么说表现了用户的目标和观点，怎么做反映了用户的行为。用户往往受到主观因素的影响无法客观地描述他们遇到的问题，也就是说用户怎么说和怎么做经常是不一致的。有些时候，我们可能会认为了解"用户怎么做"是最真实的，但这并不能反映用户的深层原因，从而导致解决方案治标不治本，所以在进行研究时既要理解用户的语言，又要观察用户的行为。

3.2.1　定性方法

我们如果没有用户的经历，就很难理解用户的痛苦，无法体会其中的细节，无法理解这个问题对用户来说有多重要。就算同理心再强的人也无法理解关于别人所有的细节。这就是定性研究要解决的问题。"针不刺到别人身上，他们就不知道有多痛。"图 3-7 所示的是感受到疼痛的人和看到别人疼痛的人的脑部成像，差别巨大。

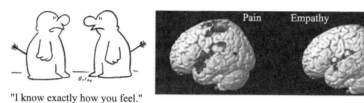

图 3-7　脑部成像对比（图片来源于网络）

定性方法就是一种探索性研究，通过科学严谨的方法与用户之间进行互动交流，并通过特定的技术获得人们真实的想法、感受等方面的比较深层次的信息，用于了解目标人群有关态度、信念、动机、行为等有关问题。

用户访谈

用户访谈介绍

大多数研究的基础都和访谈有关，用提问交流的方式，了解用户体验的过程就是访谈。它能够收集尽量广泛的意见。在访谈过程中往往能够发现一些以前所不知道的问题和意见，这是一个非常有趣的探索过程。它的成本较低，效果明显，不论是大厂的专业团队，还是创业公司的小团队经常都会用到这种调研方法。

但是，用户研究中的访谈和记者调查所进行的访谈不同，它更加正式和规范，并且作为一种非引导性的访谈，其目的是尽量避免影响提问者的观点。访谈是设计师必备的能力，我们可以先了解访谈的流程和技巧然后在实际工作中训练。

访谈的流程

访谈的流程可以概括为一个沙漏型的结构：从一般性问题开始，然后慢慢深入到具体的问题，最后回归到较大的观点并以一个摘要和总结作为结束，如图 3-8 所示。下面示例的方法将标准的访谈过程划分为 6 个阶段。

介绍、暖场

一般性问题

深度关注

回顾

总结

图 3-8　访谈流程

介绍：在小组访谈中，让参与者互相介绍彼此熟悉，能够减少他们在访谈过程中的焦虑与紧张，在个人访谈中，介绍自己则能够让参与者以中立心态来参与讨论问题，而不是迎合主持人。

暖场：暖场可以让来访者从常规生活中抽离，更专注于思考产品和回答问题。

一般性问题：第一轮的问题集中于对产品的态度、期望和假设。尽早问这类问题可以避免我们的产品预期和目标影响人们的看法。

深度关注：介绍产品、服务的想法和细节，包括：它是做什么的，它是如何操作的，受访者是否能使用它，受访者的直接体验如何。由于涉及了实质性的产品体验与细节，这个阶段对于可用性测试来说非常重要。

回顾：这个阶段让人们从更广的层面对产品和概念进行评估。这个阶段的讨论可以和"一般性问题"相提并论，但是这个阶段聚焦于"深度关注"阶段介绍的概念对之前讨论的问题有何影响。

总结：在基本流程结束后，通过简短的总结受访者的经历与感受，让受访者回顾访谈的主题，寻找是否有遗漏的细节或友好地结束访谈。

访谈技巧

1. 保持对观点的中立。

2. 将问题集中在一个话题上。

3. 避免双选。

4. 让问题在语言和意图上都简单明了。

5. 在必要的时候深入挖掘。

下面给出一个某直播平台用户访谈大纲。

案例——某直播平台用户访谈大纲

1. 基础属性

   年龄，职业，教育程度

2. 行为特征

   是怎么接触到游戏直播平台的？

   使用游戏直播平台看游戏直播多久了？

   看游戏直播的频率，一周 / 一个月看多少次？

   每次大概看多长时间？

   什么时间段看游戏直播？为什么？

   用什么媒介看？手机、平板还是电脑？

   最经常看哪几种内容？分别是什么？（追问为什么）

   出于什么原因去看的呢？

   喜欢什么类型的主播？为什么？

   关注了多少主播？为什么会关注？

   用过几个游戏直播平台？换平台 / 不换平台的可能原因？

   使用的功能中什么功能被使用得最多？

   从进入游戏直播平台，到看直播、退出，大致是怎么操作的？

   打赏过直播吗？为什么？

3. 消费能力

   有打赏过主播吗？

   什么情况下会打赏主播？

   打赏免费 or 付费？哪一种多一些？付费的话一般打赏多少？

4. 社会关系

   周围的朋友 / 同事，有跟你一样喜欢看游戏直播的吗？

   你有特别喜欢的主播吗？有没有追过一个主播的节目？有特别关注的主播吗？

5. 需求阐述

   喜欢哪种类型的主播？不喜欢哪种类型的主播？为什么？

   你觉得我们的直播平台哪里做得比较好，为什么？

曾经遇到过比较恼火的事情是什么？为什么？你希望怎么改善？

启发式评估

启发式评估是一种非常简单高效的测试评估方法。它通过邀请专业的用户体验人员凭借自身的专业经验来发现潜在的可用性问题。当方案设计出来之后，我们希望扫除一些潜在的可用性问题，让这些问题在用户参与的可用性测试之前得到解决。启发式评估就是在这种情况下使用的便捷方法。

> 启发式评估是指安排一组评估人员检查界面，并判断其是否与公认的可用性原则相符。
>
> ——Jakob Nielsen

一般启发式评估非常依赖于具有专业经验的评估者。评估者最好同时具有可用性知识和设计知识。可用性知识可以让评估者发现可用性方面存在的问题，具有设计经验的评估者可以在设计层面上提出建设性的意见。3到5人的评估团队就可以发现80%的问题，有时候人数也可以简化。另外，方案的设计师可以参与到启发式评估中去，以观察整个评估的过程。但是需要注意的是，设计师本人不能作为评估者，以免影响评估结果。

另外，启发式评估依赖评估原则的设定。在可用性工程领域，众多的专家学者提出了不同的评估标准。其中最著名的有 Nielsen 提出的十大可用性原则，此外他还提出了113条拓展原则。在评估之前，评估人员需要根据产品的自身特点设计出适合于特定产品的评估原则。图 3-9 所示的是一款 APP 的启发式评估表。

可用性测试

可用性测试能帮助我们深入触及本质问题，对产品改进起到积极作用。

为什么要做可用性测试？在长期的研究中发现：用户实际操作的和他们说的通常不同，主观的问卷没有办法捕捉用户行为，当产品设计得不好用时，有些用户也会打"满意分"，而这些调研结果和用户的真实情况存在非常大的偏差。因此我们让真实用户来操作产品，并观察记录用户的表现，发现产品在使用过程中的现实问题。可用性测试场景，如图 3-10 所示。

案例——某移动端产品启发式评估表

移动端产品设计启发式评估表

产品名 _____　　　　功能/模块名称 _____

评估人 _____　　　　日期 _____

启发项	严重程度	记录
1.系统状态的可见性以及移动设备的可丢失性/可发现性	0	这里填写你所评估的可用性问题
2.系统与用户习惯的匹配	1	
3.一致性和映射	2	
4.良好的人体工程学设计和简约的设计	3	
5.易于输入，屏幕可读性和"扫视性"	3	
6.灵活性，使用效率和个性化	3	
7.审美，隐私和社会习俗	3	
8.对异常、错误的处理	3	

图 3-9　手机 APP 启发式评估表

图 3-10　可用性测试场景（图片来源于网络）

可用性测试还是一个让团队达成共识的良好工具。在有些团队中产品经理对交互设计有干预，设计方案上容易造成分歧。而可用性测试凭借耗时短，且结果明确的优势，能够让团队在短时间内进行验证并选择最优方案，进行下一步的迭代。

测试的时机

在产品开发中，可用性测试从原型设计阶段就可以介入，而高保真原型可以实现关键步骤和界面显示。在完全投入研发之前，就可以让用户直接参与，了解用户的看法、行为习惯以提高开发质量。目前有众多的原型工具可以实现这一阶段测试，例如，Axure、Adobe XD、Principle。在产品开发完成测试版本的时候，也是可用性测试介入的时机，只不过这个时候发现的问题可能要在下一版本中排入开发计划。虽然进行可用性测试意味着一种成本的投入，但是它是了解用户真正使用情况的最直接的方法，可以减少后期修改所增加的成本，甚至可以避免了产品推出后用户不满意而导致市场份额降低。因此不少开发人员在制作项目进度表的时候，就对何时进行可用性测试、预留测试后的迭代修改时间做了规划。

基本环节

测试过程中，主持人与参与者进行沟通，引导他们进行整个测试。参与者在测试中有困惑或者多次操作错误的地方，主持人应及时询问原因，同时鼓励参与者自由探索，而不应在参与者感到困惑时马上告知答案或解决办法。整个过程主持人和位于观察室的其他测试人员需要将测试过程做好记录。

测试结束时，主试人员可以询问参与者对产品的感受，让其表达出在使用过程中哪些地方感到满意，哪些地方有缺陷，并启发参与者提出改进的建议。可用性测试可使用录像设备对测试过程进行录制并保存以便日后研究调用。

可用性测试量化标准

做完可用性测试后，我们就可以将测试结果进行量化，量化的标准主要有：问题频数、严重等级、优先级。问题频数是指出现该问题的参与者的数目。优先级的算法一般是：

优先级 = [问题频数 ×4/ 测试人数]+ 严重等级

可用性测试问题等级量表如图 3-11 所示。

严重等级	描述	界定标准
1	不可用	用户不能或不想使用产品的某个部分
2	严重	用户可能使用或者尝试使用产品的某个部分，但是遇到很大困难
3	中等	用户在大多数情况下可以使用产品，但需要付出一定的努力去解决问题
4	轻微	问题仅仅偶尔出现，并可绕过，问题来源于外部环境

图 3-11　可用性测试问题等级量表

3.2.2　定量方法

在开发团队的讨论中，经常会出现这样的描述："大部分用户有 XX 需求""XX 市场规模很大，比较有前景"。这些结论无法量化，并没有办法转为决策的参考。在知乎上有一句非常流行的话："抛开剂量谈毒性都是耍流氓"。通过定量的研究，我们可以将这些模糊的描述变成科学严谨的结论。

调研问卷

访谈、可用性测试及观察研究这些定性研究方法能让我们洞察人们在使用产品时为什么会有那样的表现，他们是怎么使用产品的。但是定性研究不会准确告诉我们这些特征和趋势在整个用户群体中的普遍性。例如，只有定量研究才能统计用户中有多少是青少年，这些青少年是否对你正在构思的产品特性感兴趣。再比如，在可用性测试中我们发现有用户无法完成某项操作，但是在问卷中只有极小部分的用户反映此问题，那么这个问题其实不普遍，也就不严重。

问卷设计的基本流程，如图 3-12 所示。

图 3-12　问卷设计的基本流程

明确调研目标

　　在设计问卷之前，我们需要知道自己的目标，最好先用一两句话描述为什么要做这个调查。比如，在我们已经设计好了产品还未上市时，需要了解一下用户对此类产品有什么期望。再比如，我们的产品已经运营了一段时间，但是新用户增长缓慢，需要了解一下潜在用户的需求。我们可以根据问卷的目标总结几种问卷的类型，新手可以从这几种类型入手明确自己的调研目的，如图 3-13 所示。

图 3-13　问卷调研的目标

　　用户概要：了解现有用户的构成，制作现有产品的用户画像，这种目标的调研可以在产品发展的任何阶段进行。

　　满意度调查：在产品需要进行重要的改进设计之前发起调查，以便为改进方案提供指导。

　　需求调查：在产品或者某个产品的新功能还未上市之前进行，确定目标人群是否有这样的需求。

问题头脑风暴

　　有了明确的调研目标后，就要对问题进行头脑风暴，将所有能够想到和想要了解的信息写下来，这项工作可以由团队或是个人进行，在这个阶段不需要将问题写成最终问卷的形式。在头脑风暴的过程中需要记住问卷中问题的几种类型，从这几种类型出发，你的头脑风暴将会更容易。

特征类型

- 人口统计学：设置这类问题的目的是了解调查对象的概况。例如，他们年龄多大？他们从事什么职业？他们的教育情况如何？
- 技术问题：主要询问他们拥有的技术情况和相关经验。例如，他们用什么收集信息或新闻？他们在管理上网隐私设置方面有多熟练？

行为类型

- 技术运用：这些问题关系到他们如何使用你的技术。例如，他们每周的上网频率是多少？他们用到了这个 APP 的哪些功能？他们有哪些相关产品使用经验？
- 产品使用：APP 的什么功能是他们想使用的？他们多久使用一次？他们为什么使用我们的产品？他们使用多久了？
- 竞争对手：他们都使用了哪些其他 APP？多久使用一次？他们使用多久了？他们使用过哪些产品特性？

态度类型

- 满意度：他们喜欢你的产品吗？你的产品符合他们的预期吗？你的产品是否具备他们想要的功能？
- 偏好：你的产品最吸引他们的是什么？他们愿意为朋友介绍哪些功能？哪些功能是他们认为不必要或是会让他们分心的？
- 希望：他们想要什么？他们觉得缺少哪些功能？

在完成了问题的头脑风暴后，我们得到了所有自己想要知道的信息，也就是一个问题清单，我们将问题清单按照问卷的形式进行编排。下面列举问题设计的关键技巧。

问题设计关键技巧

- 问受访者知道的问题，答案要互斥。
- 选项之间要互斥。
- 设置筛选选项，筛选出用户是否认真回答。
- 避免让用户做否定的回答。
- 设计的问题不要太多。

下面列举一个问卷实例，可以在看的过程中结合前面提到的问卷类型与设计技巧来探究案例的调研目标。

问卷实例——在线学习方式调研

您好！感谢您在百忙中抽出时间打开本问卷。问卷旨在调查目前职场用户在线学习的使用状况，帮助大家找到更好的终身学习方式。您的回答将采取匿名形式，不用担心泄露，本问卷仅用于指导工作请放心。

1. 您的职业

☐ 上班族

☐ 自由职业

☐ 大学生

☐ 其他

2. 您会用学习类 APP 获取职场相关知识吗？

☐ 每天都在用

☐ 每周使用

☐ 有一两个 APP，但很少用

☐ 从来没用过

3. 根据您的体验，以下哪两方面对您的帮助最大【最多选择 2 项】

☐ 学习一项技能，直接用于工作

☐ 找到学习圈子，结交志同道合的朋友

☐ 日常获取前沿资讯，知天下事

☐ 听前辈大佬讲话

☐ 学习各类技能，提高综合竞争力

☐ 帮助就业、跳槽

4. 职场付费课程的系统性、实操性，对自我充电来说有多重要？

☐ 非常重要

☐ 比较重要

☐ 一般

☐ 不看重

5. 为提高系统性、实操性，您的挑选标准有哪些？【最多选择 3 项】

☐ 课程的作业机制

☐ 与老师互动、沟通

☐ 老师的经验、背景

☐ 选择垂直领域平台

☐ 课程章节数量、时长

☐ 课程的价格

6. 您认为课程老师的水平和风格、课程实用性，对您挑选课程的影响大吗？

☐ 很有必要

☐ 有一些影响

☐ 不在乎

7. 以下在线学习产品，您使用过哪些？

☐ 36Kr

☐ 知乎

☐ 新东方

☐ 喜马拉雅 APP

☐ 网易云课堂

☐ 得到 APP

☐ 其他 ＿＿＿＿＿＿＿

8. 在下面哪些场景中，您会经常使用在线学习 APP？

☐ 走路、地铁公交、开车上班时

☐ 吃饭的时候

☐ 结束了一天的工作之后

☐ 周末或者假期

9. 以下是在线学习 APP 的模块，请按您认为的重要程度排序【排序题】。

☐ 课程内容：系统性、实操性

☐ 课后资料：PPT、思维导图、文字稿

☐ 课程工具：倍速、笔记

☐ 作业系统：批改、交流

☐ 知识动态：长久更新、讲师互动

10. 您购买过的在线课程中，普遍的付费价格是多少（单位：元）？

☐ 1 ～ 99

☐ 100 ～ 499

☐ 500 ～ 999

☐ 1000 ～ 1499

☐ 1500 ～ 1999

☐ 2000+

11. 您愿意为学习效果付出较高的费用吗?

☐ 愿意，只要效果得到保障

☐ 看实际价格。接受的价格区间：_____

☐ 不愿意。原因：_____

12. 您的性别

☐ 男

☐ 女

13. 您的工作年限

☐ 0 ～ 1 年

☐ 1 ～ 3 年

☐ 3 ～ 6 年

☐ 6 年以上

14. 您的年龄

☐ 18 岁以下　☐ 18 ～ 25 岁　☐ 26 ～ 30 岁　☐ 31 ～ 40 岁

☐ 41 ～ 50 岁　☐ 60 岁以上

15. 您的学历

☐ 大专及以下

☐ 本科

☐ 硕士

☐ 博士

16. 您的月收入（单位：元）

☐ 5000 以内

☐ 5001 ～ 10000

☐ 10001 ～ 15000

☐ 15001 ～ 20000

☐ 20000 以上

眼动实验

用户研究在经历了十多年的发展之后引入了更多的科学实验手段，眼动实验就是其中之一。眼动实验就是通过运用追踪技术，检测用户在看特定目标时眼睛运动和注视方向，并进行相关分析的过程。过程中需要用到眼动仪和相关软件，眼动实验情境如图 3-14 所示。

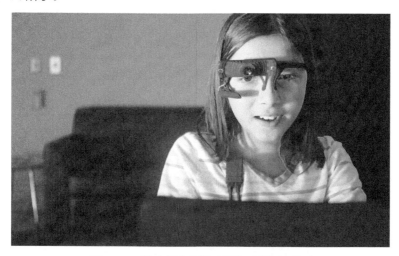

图 3-14　眼动实验情境（图片来源于网络）

眼动仪可以测量用户在使用 APP 或者网页时眼球的运动和注视点的位置，继而通过分析我们可以知道：

- 用户在看什么？
- 用户看了多久？
- 用户的焦点如何在屏幕上的两个项目之间移动？
- 他们错过了界面的哪些部分？

它的原理也非常简单，使用时，眼动仪跟踪用户的瞳孔，并确定瞳孔的方向和注意力进而知道用户在看什么，注意力有多集中。

用户研究中常用的两类眼动实验：眼动轨迹、热点图。

眼动轨迹

用户在浏览界面时注视点会迅速地在某些点之间移动，会在某些点上停留。眼动轨迹图就是截取某段时间内用户注视点的移动轨迹。红色的点表示停留，点之间的线则表示轨迹。我们可以分析这些移动规律，将重要的信息放在关注点集中的位置。眼动轨迹图如图 3-15 所示。

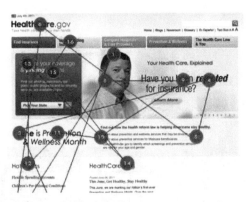

图 3-15　眼动轨迹图（图片来源于网络）

热点图

热点图（见图 3-16）主要用来反映用户在某个区域注视的时间长短。从红色到绿色注视时间依次变少。热点图可帮助我们了解界面或产品的哪些区域是最受关注或容易被人忽视的。热点图可以应用于 A/B 测试，设计师可以分析 A/B 各版的优点与不足，从而进行选定方案及改进。

图 3-16　眼动热点图（图片来源于网络）

3.3　用户研究的应用与输出

3.3.1　用户画像

用户画像是用户研究的一种总结。研究者在应用了多种调研方法获得足够的信息后，在总结阶段会输出用户画像，可以这样说，用户画像是用户研究的集大成者。"最强大的工具在概念上都非常简单"，用户画像看上去生动有趣，简单易行，它把未来的用户变成一个个栩栩如生的人，设计师可以为这个"真实"的人设计产品。

用户画像的作用

绝大多数的 APP 都服务于某一类用户，不可能开发出适合于每一个人的应用。一些大家所熟知的 APP，像微信、支付宝，它们在通用功能上符合最低标准也适合于大多数人，但在特定功能上则需要针对某一类用户而设计，例如，微信游戏中心是为使用微信且玩游戏的人考虑的。一般情况下，给特定的群体提供优质的服务远远比给更大数量的人群提供一部分服务要聪明得多。用户画像则能帮助设计者认清：究竟在为谁而设计。

在初学者的话语中总会出现"我认为用户会 XXX"和"我不喜欢这样做"的言论，这些"我认为"往往只是一厢情愿。用户画像帮助我们以用户的身份来考虑问题。

目前在多数企业中创建用户画像一般会遵循如图 3-17 所示的几个步骤。

图 3-17　创建用户画像的步骤

进行定性研究

用户和市场是复杂的，不可能方方面面都被量化。定性研究具有开放性和探索性，能够揭露出我们未知的事情。

在开始阶段，我们先应用定性研究的方法，对用户进行一个大概的了解。

用户访谈是最常用的定性研究形式，因为对于大多数企业而言，一对一地与用户进行谈话是比较容易实现的，一些企业用现场调研来代替用户访谈，选择的地点则是用户最熟悉的环境。这样当他们询问与目标和观点有关的问题的时候，可以同时观察用户的行为。需要注意的是，这个阶段不太适合焦点小组，因为在多人讨论的情况下一些观点会被淹没。这一阶段像是一个漏斗的上边部分，广泛地了解情况，将用户的基本信息、目标、行为、观点和感受统统吸纳进来。

细分用户群

用户细分都是从选取大量数据开始的，然后根据每个群体中描述的用户的共同点来创建用户群组。细分用户的目标就是找出一些模式，使你可以把相似的人群归集到某个用户类型中去形成用户画像。这种细分群体的基础通常是他们的目标、观点或行为。例如，在一款游戏中，有的用户玩游戏的目的是休闲，而有的用户则是热爱竞技，这里就根据游戏目标将用户群进行细分。

用户群细分显然是一个与分析有关的过程，一般会坐在 PC 前回顾访谈记录、提取其中的有用内容，从而完成用户细分。这一部分就像是漏斗下边的一个筛子，筛掉没有用的信息并将用户分成几个类型。

验证细分的用户群

通过问卷或者其他形式的定量研究方法，用更大数量的样本来验证细分用户群模型，进一步保证它所反映的事实的准确程度。这一步骤增加了所创建用户画像的可信度。设计问卷时，问卷中的问题是定性阶段问题的量化；问卷中的选项则可参考定性阶段得到的反馈。比如：定性研究中了解到用户选择互联网金融平台时会考虑理财产品期限、管理是否省心、收益稳定等一些因素，在定量阶段中就可以量化衡量到底哪些因素是比较重要的，不同类型的用户分别更关注哪些因素。

建立人物画像

在进行了定量研究来验证细分用户群之后，我们就可以为用户的目标、行为和观点加入更多的细节。这样一来，每个人物画像就会变得栩栩如生，对虚拟的人物进行真实生动的描绘。正如我们一开始提到的设计师没有和用户一样的经历就无法理解用户，因此用户画像能激发设计师的想象力，增加设计师的代入感。它的目的是改变那些无法理解和想象用户实际生活的设计师，去除他们的刻板印象，积极地代入用户的生活。

用户画像实例

这是一款发行于北美的战略类手游，参考它的用户研究能让你了解用户研究究竟在做些什么。一边看，一边思考其中使用了什么方法。

我们利用问卷法，在游戏中针对达到一定等级的用户投放问卷，问卷的第一部分是个人基本信息，包括收入、职业、究竟是哪些人在玩我们的游戏，如图 3-18 所示。

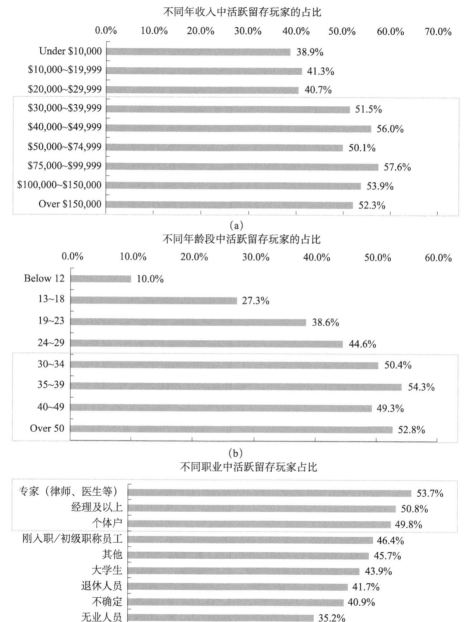

(a)

(b)

(c)

图 3-18　核心用户调研问卷调研结果

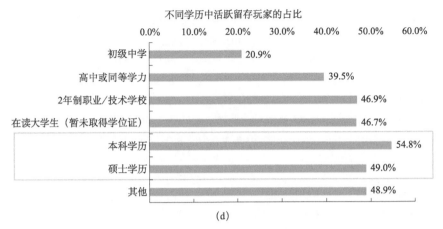

不同学历中活跃留存玩家的占比

(d)

图3-18 核心用户调研问卷调研结果（续）

同时我们在这些高等级的用户中随机抽取几个开展了用户访谈，这次访谈采用半结构式访谈，主要研究这群人的性格。

以下是从访谈记录中摘出的片段：

> 无论玩什么游戏，我总是一开始就成为顶级玩家！
>
> ——Nick
>
> 我是一个很有竞争力的人，一直喜欢参加体育运动。我喜欢通过玩家之间的竞争展示出我能够在所有方面都做到最好。
>
> ——Caleb

这样一来，我们通过用户访谈和问卷的方法，了解了我们的用户是一群什么样的人，我们通常以图来展示用户特点如图3-19所示。

图3-19 核心用户描述

作为设计师，我们对用户的感性认知就是，他们是一群直男，喜欢体育运动，好

胜心很强，喜欢超级英雄。另外，他们处于收入较高的阶层，不缺乏玩高难度游戏的
智商和耐心。

3.3.2　行业趋势报告

最后我们介绍行业趋势报告，但是这并不代表行业分析是在最后进行的。APP 面向
市场需要合适的时机，合适的时间，同时也要着眼于整个行业。在这一个部分我们把眼
光从一个产品放眼到整个行业中。这里简单介绍撰写行业趋势报告的基本思路，和获得
行业趋势报告的渠道——参考行业报告。

> 很多人输就输在，对于新兴事物，第一看不见，第二看不起，第三看不懂，
> 第四来不及。
>
> ——马云

撰写行业趋势报告的基本思路

1. 设定目标

首先要确定分析对象，分析他属于哪个行业，要了解这个行业是做什么的、解决
用户什么样的需求、行业发展历程，尽量列出这个行业的特点。

接下来要明确分析的目的，是想了解行业的投资机会，还是想知道行业的主要商业模
式，不同的目的决定研究的侧重点。目的不应该过于宏观，要有明确的时间和范围限定。

定义行业和产品是对一个行业高度的概括，对行业认知越多，就越能抽象出准确的
定义。我们在一开始就可以写目标，当然此时目标不清晰也没关系，在后面的调研中可以
回头优化目标。例如，摩拜单车在进行行业调研的时候，将目标定义为最后一公里的出行
方式；考拉海购在进行行业调研的时候，将目标定义为海淘行业。

2. 提出假设

在设定目标后，我们的问题就变成了分析某个行业，但这样的问题很空泛，让人无从下
手。我们把问题拆解成一个又一个可以解决的小问题，然后提出假设和寻找结论。

提出假设的第一步是界定问题的边界，也就是要弄清楚我们想要了解的问题，理清问
题的脉络。比如目前区块链技术大火，我们想搞清楚区块链只是炒作还是风口来临、区块
链技术的应用是否有产品落地、投资区块链的机会在哪里等都是在界定问题。

3. 收集资料

在做完目标设定和做出假设后，接下来应该开始收集资料。该环节需要从海量的信息中理清逻辑，找到重要的信息，并且能够辨别信息的真伪。

首先，收集资料可以从二手信息开始，仅网上就能搜索大量有用的信息。其次，可以直接获取一手资料，例如，可以通过走访行业自身从业人员，收集一手数据，如图 3-20 所示。

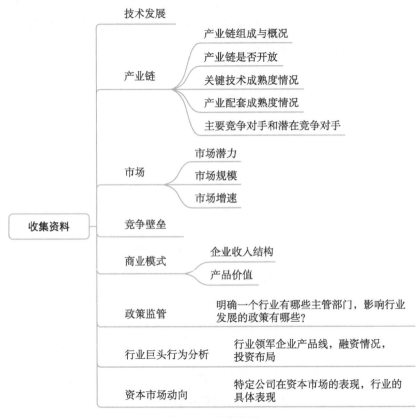

图 3-20　收集资料

4. 分析与展示

收集完行业的资料，剩下的工作就是输出自己的研究结果，撰写报告。

写报告时要注意清晰有条理地呈现内容，"金字塔结构"能帮助我们形成结构化思维方式，是用户研究行业比较流行的报告呈现方式，它最早是由麦肯锡公司提出的。

金字塔的原理其实就是以结果为导向的逻辑推理过程，如图 3-21 所示，越往金字塔上层的论述，其价值越高。

图 3-21　金字塔结构

参考行业报告

行业报告由一些头部公司、科研单位或者专门的咨询公司撰写。在网络上能够找到许多行业报告，下面列举获取报告的渠道，你可以结合竞品分析章节中提供的渠道寻找最佳提供方。

- 互联网行业研究：艾瑞、易观、艾媒、数说；
- 咨询公司：MBBR、尼尔森、益索普、零点、TNS；
- 行业数据：App Annie、Questmobile、ASO100。

本章思维导图

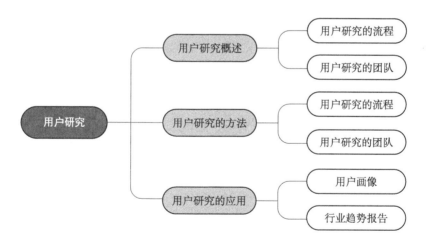

小思考

1. 列举书中提到的定性和定量研究方法，分别叙述它们适合在什么样的情况下使用。

2. 找一款自己认为体验不好的 APP 并完成一次可用性测试，总结出问题和优先级并提出自己的优化方案。

3. 在上一题的的基础上设计问卷，调查出存在问题的普遍性。

参考资料

戴力农 . 设计调研［M］. 2 版 . 北京：电子工业出版社，2016.

［美］汤姆·图丽斯 . 用户体验度量：收集、分析与呈现［M］. 周荣刚，秦宪刚译 . 北京：电子工业出版社，2020.

专业词表

用户访谈：用提问交流的方式了解用户体验的过程就是访谈。访谈的内容包括产品的使用过程、使用感受、品牌印象、个体经历等。

可用性测试：可用性测试是一种基于实验的测试方法。主持测试的人叫主试人员，参与测试的人叫被试人员。

调研问卷：是指调查者通过统一设计的问卷来向被调查者了解情况，征询意见的一种资料收集方法。

眼动测试：眼动测试，就是通过视线追踪技术，监测用户在看特定目标时的眼睛运动和注视方向，并进行相关分析的过程。过程中需要用到眼动仪和相关软件。

用户画像：用户画像又称用户角色，作为一种勾画目标用户、联系用户诉求与设计方向的有效工具，用户画像在各领域中得到了广泛的应用。

行业趋势报告：是商业信息也是竞争情报，具有很强的时效性，根据专业的研究模型和特定的分析方法，经过行业资深人士的分析和研究，做出的对当前行业、市场的研究分析和预测。

第二篇

需求落地

完成了前期探索后，就有了相对清晰的需求及落地方案。接下来就需要整理出规范的产品文档，通过产品文档，传达具体的设计要求与开发要求，产品的设计与开发也会以产品文档为依据来落地推进。本篇主要讲述从产品文档到设计输出再到上线运营等项目中各个阶段的基本工作流程与工作方法，通过案例拆解的方式，帮助小伙伴们 在实际项目中快速提升产品设计的效率与质量。

04 产品文档

本章概述 ···

在交付产品时，产品经理作为各部门的沟通桥梁，为了确保产品的正常运行，必须考虑所有的场景和边缘情况，这就要求产品经理需要依据原型编写规范文档。作为设计师，我们该如何评估这份文档？如何掌握撰写能力？本章将为设计师解答这些问题。

本章目标 ···

1. 掌握产品文档的基本内容
2. 掌握产品文档的写作模式

关 键 词 ···

产品文档　　五要素模型　　文档对象　　文档框架

需求　　价值　　流程图　　需求排序

4.1　产品文档是什么

　　产品文档是一个描述产品从前期调研到后期实现的综合性文档，它回答了我们为什么要做及如何设计一款产品的问题。我们在之前的章节中讲解了用户需求、竞品分析、用户调研的内容，在完成这部分前期工作后，我们需要了解如何将这些内容进行文字输出，让所有参与人员能够快速、高效地了解产品需求。

　　产品文档在互联网 APP 的开发流程中作为产品开发的依据，能够明确个人的职责，特别是在大型组织中人员团队众多，如果沟通与同步上出现障碍就会导致多方无法理解产品，而产品文档就能帮我们尽量规避这些情况。

4.1.1　产品文档的面向用户

　　一般来说，产品文档在面对不同的对象时有不同的要求，因此针对不同的对象团体，产品文档需要在结构与描述上做出调整。在互联网产品中，文档的主要使用者有技术开发团队、设计团队、测试团队及市场与运营团队等。

设计团队　　　　　　技术开发团队

企业高层

测试团队　　　　市场与运营团队

图 4-1　文档的阅读对象

- 对于技术开发团队，他们往往在意产品功能的实现形式，因此会以技术实现的思路来判断功能实现将要面临的逻辑与框架，或是查找开发过程中需要标注的用例与规则。
- 对于设计团队，产品定位与功能框架结构则是他们在意的内容，交互设计需要根据原型的信息逻辑优化界面框架与特殊情况，而视觉设计则会关注设计风格如何满足产品的定位与市场，同时还要结合运营的需要。

- 对于测试团队，他们需要根据产品逻辑与功能制定测试方案，确保产品实际功能能够满足目标任务，并且在运行中不出现严重的错误。
- 对于市场与运营团队，他们根据项目策略来为产品获取用户与市场关注，拥有持续发展动力，因此，他们会关注文档中有关产品策略的内容或产品经理建议的运营目标。

此外有的文档也需要面向战略团队进行写作，这里的战略团队也就是企业高层，他们在意产品的目标与实现的效益能够为公司带来什么收益。

4.1.2　产品五要素模型

虽然产品文档在不同的企业或项目中有着不同的形式，但其内在的价值链路与逻辑是共通的。通过对产品五要素模型进行了解，我们可以发现不同文档之间存在的共性。产品五要素模型是设计师 Jesse James Garrett 在其著作《用户体验要素》中提出的设计框架，它包含战略层、范围层、结构层、框架层、表现层五个方面，如图 4-2 所示，我们可以通过解释这个经典的框架来为文档撰写的思路提供指导。

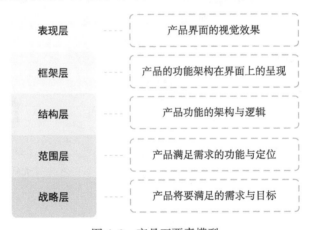

图 4-2　产品五要素模型

战略层

产品的设计初衷，即满足什么用户的什么需求。这部分需要许多的用户需求分析与调研报告做支撑，既有来自外部消费者的需求也有来自企业内部的需求。例如，今日头条这款产品从消费者角度其设计初衷是满足了用户对信息获取的需求，而从企业角度其设计初衷则是通过获取用户的浏览偏好数据来探索产品设计的机会点。

范围层

为了满足战略层提出的需求，我们需要设计相应的功能与服务，这些功能往往开始时是宏观的，需要我们在设计时一步步进行细分。例如，针对满足用户对信息获取的需要，我们可以提供新闻资讯服务，而进一步细化则有资讯浏览、新闻推送等，再细化则可以分为资讯文章、资讯短视频、资讯博文等。

结构层

基于对产品功能的梳理，以架构图或流程图来展示产品功能之间的关系。这一部分需要将范围层的内容进一步细化，整个产品的架构也由此开始变得清晰。

框架层

这部分产品已经显得较为具体，需要将视角从整个产品的架构缩放到单一的页面当中，安排元素与信息在界面中的逻辑。

表现层

基于框架层中的界面信息设计视觉效果，不同的视觉效果可以反映不同的产品定位。

大多数的互联网产品都可以使用产品五要素模型的五个层次来进行分解，分析每个产品的设计含义与需求策略。我们在撰写产品文档时，基本上也是围绕这五个层次进行输出的。当然，我们的文档不必直接体现出五个层次，而是用更细化的框架或结构来描述。

4.2　如何完成一份产品文档

4.2.1　选择合适的撰写工具

在开始写作前，我们需要先确认使用什么工具来完成文档，工具的选择会影响产品文档的写作效率。文档的撰写一般会涉及文本编辑、表格制作、原型制作、图形处理等。而能够同时满足这几类工作的应用比较少，其中最为人熟知的是 Axure。虽然 Axure 对初学者会有一定的学习成本，但在上手之后不仅可以满足文档撰写与原型制作的需求，还能在交互上实现保真度较高的效果，并且通过结构菜单方便开发人员查阅。不过我们也可以选择上手更为快速的产品设计工具——墨刀，墨刀相较于 Axure 其门槛更低，对新手也更加友好，而且在多设备支持上更加友好。

另外，如果你想快速进入文档撰写的环节，可以先使用 PowerPoint 或者 Word 完成文档撰写，再结合像 Xmind 这样的脑图制作软件来快速制作图表，导出图片后结合以上软件来完成工作。如果你需要与其他的产品经理或设计师一同完成文档，也可以选择使用石墨文档或印象笔记进行协作。

图 4-3 列出了部分参考工具，选择自己最顺手的工具后就可以进入撰写环节了。请记住，工具的便捷无法决定我们输出内容的好坏，优秀的产品经理或设计师，更加关注内容的呈现，因此不要在工具的选择上浪费过多时间。

图 4-3　软件的选择

4.2.2　产品文档的框架

完成一份产品文档涉及信息框架、写作内容、语言等各个方面，但在开始时，我们需要对文档的框架有个清晰的认识。这里提供一个通用的基础框架作为参考。

图 4-4 展示的是一个产品文档的基本框架，虽然在实际工作中，一份文档的形式或框架不局限于图 4-4 所示的内容，但诸如架构图与功能点等内容是必须提及的。本章节主要针对这些必备内容进行叙述。

图 4-4　产品文档的基本框架

文档属性

一般位于文档的封面上，包括文档的标题、创建者、版本、更新日期等内容，这部分只需标记清晰即可，能让查阅者了解文档的基本信息，如图 4-5 所示。

图 4-5　文档属性

修订历史

用于记录文档的修改历史，一般会在文档的前几页出现，让查阅者了解文档哪处发生了变动，并且变动是否与自己的工作内容有关，如图 4-6 所示。

版本	修订章节	修订内容	修改者	修订时间
v1.0	全部章节	新建文档	汤圆	2019/10/29
v1.1	1.0	更新了用户需求章节的内容	汤圆	2019/11/02
v1.2	1.2	竞品分析中添加了更多示例	汤圆	2019/11/03
v1.2.1	1.2.1	添加了竞品分析中的图表	汤圆	2019/11/05
v1.3	1.3	对产品文档的内容进行了补充	汤圆	2019/11/09
…	…	…	…	…

图 4-6　文档修订历史

版本记录

描述当前版本的更新内容，产品添加或修改了什么功能以便让开发人员了解自己接下来的工作内容，注意在说明的最后要添加超链接以方便开发人员快速查看内容，如图 4-7 所示。

v1.3 版本说明

序号	需求类型	修订内容	负责人	详情
1	新增需求	增加描述章节内容的结构图	汤圆	点击跳转
2	新增需求	"产品框架"中添加表格目录	汤圆	点击跳转

图 4-7　版本说明

开发周期

说明产品开发的时间跨度及不同阶段的主要工作点，一般会标记大致的工作内容与负责人。在这里，我们推荐使用甘特图（Gantt chart）来完成内容的布置。甘特图能够利用条状图与时间刻度体现项目与时间的关系及进展情况，让查阅者快速了解工作的安排。如果工作内容复杂参与人员较多，也可以为某个阶段绘制更为具体的甘特图，如图 4-8 所示。

图 4-8　甘特图

但在有的企业或项目中，会独立使用其他的文档进行管理。例如，使用 Excel 表格进行甘特图或时间线的展示，具体使用什么方式取决于项目管理的安排需要。无论如何，只需阐述清楚时间的安排即可。

产品介绍

这一部分主要涉及产品的需求背景、市场情况、商业目标等，一般需要参考商业需求文档中的部分内容，让查阅者明确产品的商业目的与战略意义。

需要撰写的内容可以参考前面章节中介绍的用户需求、竞品分析及用户调研的结果。其中，我们在用户需求中提到商业需求和用户研究中的用户画像，以及竞品分析中的行情分析等都可以成为主要的呈现内容，具体需要呈现哪些内容，请参考 4.1.1 节中提及的面向用户。

产品架构

这部分包括大量的图形图表，用以说明产品的结构框架、功能流程、业务流程等各方面有逻辑关系的内容。在这里需要注意架构图展示的最小单元，哪些内容是需要进一步细化的，甚至是需要单独再使用一张图来说明内容的。例如，购物车功能架构，如图 4-9 所示，购物车结算流程，如图 4-10 所示。

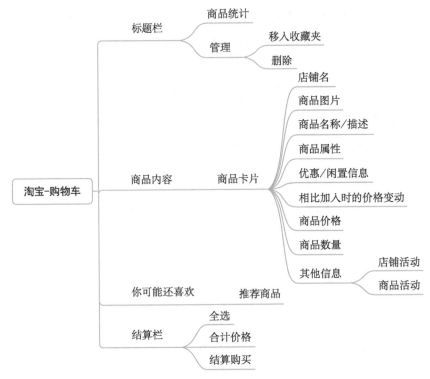

图 4-9　购物车功能架构（以 iOS 淘宝 9.1.1 版本为例）

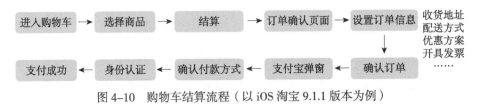

图 4-10　购物车结算流程（以 iOS 淘宝 9.1.1 版本为例）

　　图表能够让所有的参与者快速理解产品的信息，如果通过图表能够更好地表达某个需求或功能的含义，就请省去那些需要花费更多时间理解的文字。

产品功能

　　这一部分让查阅者最快速地了解产品需要的具体功能，一般将产品的界面原型图列出，再辅以文字说明。但在开始画原型图之前，产品经理会将每一个功能模块列成功能描述表以澄清功能需求，同时也方便开发人员在开发时对照自己的工作进度，功能表格示例，如图 4-11 所示。

功能	功能描述	负责人	优先级
用户将商品加入购物车	用户在商品详情页面点击下方的"购物车"按钮,商品将添加到购物车,并能够在购物车中查看	不器	!
用户从购物车中移除商品	用户长按已添加的商品卡片,1s后弹出确认窗口,点击"确认"按钮后从购物车移除商品	汤圆	!!
用户对商品进行结账	用户选取商品卡片的复选框,勾选后点击"结算"按钮,跳转到订单详情页面进行信息核对	汤圆	!!
…	…	…	…

图 4-11　功能表格示例

通常功能描述表也会被称为需求列表,是由一段功能简述与详述结合的内容。简述是对用户操作的意图运用简单的几个字进行的描述,而详述需要扩展意图的对应操作,我们可以采用"操作者 + 操作形式 + 操作对象 + 后台变化 + 结果"的公式来进行描述,在图 4-11 中的"功能描述"项即是使用类似方法完成的。

接下来,我们使用图文结合的方式展示产品的界面框架与说明,注意存在多个页面时要使用箭头来描述各个页面、操作之间的流程,结合上一段产品架构的架构流程图来绘制不同界面之间的关系。例如,购物车页面功能示例,如图 4-12 与图 4-13 所示。

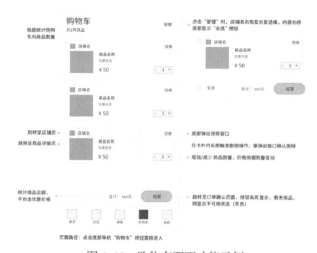

图 4-12　购物车页面功能示例

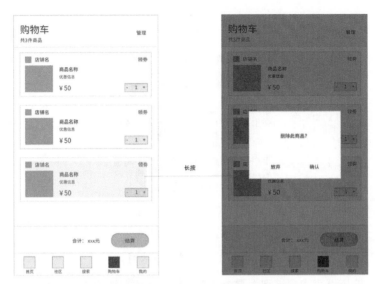

图 4-13　使用箭头来连接各个页面间的关系

撰写产品功能时要求撰写者掌握清晰的交互逻辑，对交互行为发生的前后都有合理的描述。例如，在完成上面用户结算的流程后，我们应该回到订单页面还是购物车页面？或者再跳转到一个推荐页面促进用户购买率？这些细节我们都需要在文档中加以说明，否则技术开发人员在开发时会遇到类似的问题。另外，在这一部分中还特别需要注意功能的状态、权限、极值及在不同平台中的规范等问题，这些问题都需要结合实际情况或与交互设计师或技术开发人员进行沟通后决定，我们会在之后的交互设计章节中讨论这些话题。

在有的企业中，这一部分内容会由交互设计师完成，因此技术开发人员会参考额外一份设计文档完成开发。这时在产品文档中的原型就需要额外注意功能逻辑，避免造成连锁歧义。

其他需求

由于产品形态的差异，有时产品文档中也需要提出其他方面的需求，例如，一款社区产品会格外注重社群运营的工作，则会对运营中的数据分析、参与入口、用户后台等方面提出需求。

以上内容是一份产品文档的基本框架，有时我们也能够在一些产品文档中发现名词解释、风险评估等条目，这些都需要结合具体的产品形态进行调整，文档的结构也需要再与其他参与人员进行沟通来确定。

4.2.3　产品文档的写作

产品文档的写作过程并不是产品经理或设计师一个人头脑风暴的过程，在撰写文档时往往包含着许多次需求的沟通与评审，是一个不断完善的过程。产品文档向查阅者说明我们为什么要这么做、如何做及将要达成什么目标的问题，因此撰写应满足高效、简洁、清晰的要求。

我们需要为文档制定一个框架，也就是参考上一小节中介绍的内容，根据产品形态与现有信息，汇聚成文档资源点，整理出文档的大纲，我们可以使用 Axure 或墨刀先在菜单栏中体现。Axure 中的 Page 架构，如图 4-14 所示。

图 4-14　Axure 中的 Page 架构

另外还需要记住，把明确的功能点列出并进行适当的描述，确保开发人员能够理解功能是什么及如何体现出作用。图 4-15 所示的是另一种功能描述列表的形式，我们可以将其与前面提到的产品功能部分结合来优化列表。

一级菜单	二级菜单	三级菜单	功能描述
登录	登录	账号登录	显示输入账号、输入密码文本框，显示"登录"按钮，点击"登录"按钮后，进行账号密码验证判断。错误或未填写则显示对应提示信息。
	注册	手机号注册	点击"注册"按钮后，显示手机号输入文本框和验证码文本框。输入手机号后，点击"发送验证码"，进行手机号格式验证，验证成功后，提示验证码已发送。在二维码文本框中输入正确二维码后，点击"确定注册"，进行验证码验证，验证成功后，则进入首页。
	忘记密码	修改密码	点击"忘记密码"，进入修改密码界面。修改密码界面同手机号注册界面，等同于重新注册一次。
首页	聊天记录列表	聊天记录列表	显示好友/群头像、名称、最后发送的消息时间与内容。点击聊天记录。
		聊天详情	主要显示好友的聊天记录，可以发送文字信息、语音信息、emoji表情给好友。聊天记录可以转发。
	搜索	搜索结果	输入搜索结果后，显示对应字段的好友信息、包含该信息的聊天记录信息。点击"搜索结果"进入对应的聊天界面。
	更多	添加好友	点击进入输入手机号/用户ID的搜索界面，搜索出对应用户后，点击"好友申请"按钮，显示好友申请二次确认信息。确认后发起好友申请。
		扫一扫加好友	点击显示扫一扫界面，扫描好友二维码后，显示添加好友申请界面。
		发起群聊	点击显示好友列表，选择好友后，点击"发起群聊"则建立起对应群聊。
好友	好友列表	好友列表	显示好友名、好友头像，按字母排序。
		好友详情	显示好友名、好友头像、好友微信ID。
	搜索	搜索结果	输入搜索结果后，显示用户名中包含对应字段的好友。
	更多	添加好友	同首页添加好友功能。
		发起群聊	同首页添加好友功能。
我的	个人信息设置	用户名	显示当前用户名，修改用户名。用户名字段内容无限制，但不可超过20个字符。点击"修改用户名"后，进入修改用户名界面，确定修改后，更新用户名字段，界面中显示新的用户。
		用户密码	不显示当前用户密码，可以修改用户密码。点击"修改密码"后，显示选择直接修改或手机号修改。点击"直接修改"后，点击"修改密码"进入修改密码界面，修改密码界面中需要输入一次旧密码与2次新密码，确定修改后，需要重新登录。点击手机号修改后，进入手机号修改界面，手机修改密码界面与注册界面相同。手机号修改密码界面等同于重新注册界面。
		我的头像	显示当前用户头像，可以修改我的头像。点击"修改头像"后，调用系统相册，只可以选择一张图片，确定后即更新图片为头像。
		我的性别	显示当前性别，点击可以修改性别。
	二维码	我的二维码	显示当前二维码。

图 4-15　需求功能澄清

接下来，我们需要与其他开发人员沟通，商定产品的开发周期，并且对产品情况进行简单的介绍。在此着重于对架构、功能点进行详细完整的梳理，我们需要根据会议或讨论的结果，撰写具体的模块内容。这个过程是一个反复的过程，可以参考以上撰写产品功能的内容。有时我们无法一次确定某个功能或流程的具体设计，就需要再次与其他人员沟通，直到文档初步完成。在写作过程中，我们需要注意以下几点。

语言简短，避免冗余模糊的描述

例如，我们需要引导用户在首次进入应用时进行登录操作，那么在文档中的描述是"若用户未登录，则提示用户进行登录"，这样的描述看上去似乎没有什么问题，但对于开发者而言，缺少了具体的行为与方案——如何提示用户进行登录？是弹窗还是文字标记？如果提示了用户又如何进行登录？这些具体的内容都需要产品经理或设计师在文档中体现。因此，正确的描述应当是"若用户未登录，则在首页标题栏下方显示'登录来发现更多内容'的横幅，当用户点击时，跳转至登录页面"，这样的描述清晰地揭示了页面交互的触发条件、解决方案、交互行为与结果。

技术思维，根据逻辑发现未知的情况

技术人员在进行开发时，往往带着他们的工程思维去思考产品的实现方式，这时他们会将一个功能实现途径的逻辑都梳理清楚，甚至发现那些低概率的使用情况。例如，用户设置了两个相同时间点的闹钟时该如何处理，是两个闹钟同时触发还是其中一个被覆盖，又或者是干脆不让用户设置同一个时间点的闹钟。虽然这种情况在实际产品使用中非常罕见，但是技术人员在进行开发时却不可避免，我们在解决这些问题时需要进一步思考与讨论。

勇于沟通，确保参与者了解你的思路

产品文档的撰写是一个化零为整的过程，它集合了多方人员想法碰撞的结果，因此在必要时一定要与相关人员沟通，发掘易被忽视的细节。然而，项目团队中的矛盾源于对产品功能逻辑的分歧，或是对某个点的理解不同步，为了尽量规避这些矛盾，一定要让参与者了解我们此刻的想法，确保他们对产品的理解和我们在同一道路上。

产品文档案例下载

另外，我们需要注意文档的使用对象，如果这份文档主要面向的是技术开发团队，那前面冗长的产品介绍环节就需要进行精简。如果面向的是企业高层，则需要补充产品背景、竞品分析、商业需求等内容，略去面向开发技术团队的技术细节。扫描二维码可以下载一份完整案例供参考。

产品文档的写作不是一件容易的事，从一开始我们就需要细细地研磨。在完成文档之后，我们仍然会因实际开发情况做出调整。之后我们可以基于开发周期，开始下一阶段的开发工作。虽然这一部分的内容主要侧重于对产品文档框架的描述，但优秀的设计师在产品设计方面都具有丰富的技能与沟通技巧。在接下来的内容中，我们将会从设计师的工作入手，对产品设计中涉及的交互、视觉、运营等内容进行讲解，继续探索产品的开发流程。

本章思维导图

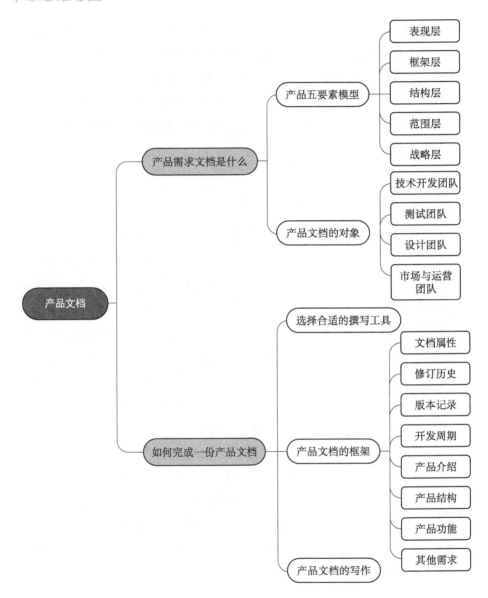

小思考

请基于产品五要素模型，分析你最常用的移动端 APP。在分析时，请结合产品文档的框架输出一份文档。

参考文献

唐韧 . 产品经理必懂的技术那些事 – 成为全栈产品经理［M］. 北京：电子工业出版社，2018.

苏杰 . 人人都是产品经理 2.0［M］. 北京：电子工业出版社，2017.

［美］杰西·詹姆斯·加勒特 . 用户体验的要素 – 以用户为中心的产品设计［M］. 范晓燕 译 . 北京：机械工业出版社，2019.

专业词表

产品文档：用于澄清产品是什么、为什么要开发这个产品、这个产品是做什么的等专业性文字描述文档。

产品五要素模型：产品五要素模型是设计师 Jesse James Garrett 在其著作《用户体验要素》中提出的设计框架，它包含战略层、范围层、结构层、框架层、表现层五个方面。

需求澄清：产品经理与设计师向开发者描述需求功能与定义的条目。

05 交互设计

本章概述 ··

本章主要讲述交互设计的基础知识及常规流程。通过本章内容的学习，读者可以对于交互设计相关的手势、布局及发展历史等基础知识有一个深刻的认知，同时能够比较清晰地了解从需求到页面原型输出的过程及其中一些注意点。

本章目标 ··

1. 了解交互设计的基础知识
2. 熟练掌握交互设计的基本流程
3. 能够根据流程完成基础的交互设计
4. 开启交互设计技能的大门

关 键 词 ··

交互手势　　信息结构图　　用户流程图　　页面的基本元素

交互文档

5.1　交互设计的相关概念

5.1.1　交互设计基础概念及发展史

说到交互设计，有一部分人会觉得很陌生，不知道交互设计是干什么的，另外有一部分人会觉得产品经理也能做原型图，没必要单独设立交互设计师的岗位……我们先来看一下关于产品经理的职能，产品经理是企业中专门负责产品管理的职位，主要负责市场调查并根据用户的需求确定开发何种产品、选择何种技术和商业模式等，并推动相应产品的开发组织。他还要根据产品的生命周期协调研发、品牌、营销等，确定和组织实施相应的产品策略，以及其他一系列相关的产品管理活动。由此可以看出产品经理的核心职能在于对产品方向、策略及生命周期的管理，而不是聚焦在产品体验的设计上。而交互设计的存在刚好就补全了产品体验的环节。如果从产品五要素的层面上来讲，产品经理会更加关注战略层和范围层，而交互设计更聚焦结构层和框架层。产品经理决定了产品做什么，而交互设计聚焦产品该怎么做。综上所述，你可能对交互设计已经有一个初步的认知了，那么接下来我们就更加深入地讲一下交互设计的相关知识。

> 交互设计（Interaction Design，IXD）属于定义、设计人造系统行为的设计领域，它定义了两个或多个互动的个体之间交流的内容和结构，使之互相配合，共同达成某种目的。交互设计努力去创造和建立的是人与产品及服务之间有意义的关系，以"在充满社会复杂性的物质世界中嵌入信息技术"为中心。交互设计的目标可以从"可用性"和"用户体验"两个层面上进行分析，关注以人为本的用户需求。
>
> ——李世国，顾振宇. 交互设计 [M]. 北京：中国水利水电出版社，2012.

关于交互设计的定义有非常多的说法，上面引用的这段是在行业里面认同程度比较高的一个定义方式。在这个定义中，可以看到交互设计的核心元素——人 + 物体 / 产品，人通过行为与物体（产品）发生关系，就可以称作交互行为。如果从另外一个更加通俗的角度也可以这么理解：人与人之间的互动称为交流，人与物之间的互动称为交互。如果从更加宽泛的概念去理解"交互"这一概念的话，远古时代的钻木取火、农耕时代的农民用犁来耕地、工业时代的工人操控机器进行生产、数字时代的工程师通过鼠标和键盘操控计算机，现在我们用手机、平板来完成一些事情等，这些都可以称为"交互"。虽然交互行为伴随着人学会使用工具就开始存在了，但交互设计却一直到了数字时代才被人提出。

在计算机的发展史中，用户图形界面GUI（Graphic User Interface）的出现，极大地推动了计算机的平民化发展。虽然1973年施乐公司的Alto计算机面世标志着第一个GUI正式被推出，但直到1981年"施乐之星"的发布，才实现了第一个集成了应用程序和GUI的台式计算机系统，这才正式开启了GUI被当成操作系统一部分的时代。伴随着用户图形界面的发展，到了20世纪80年代中期，两位工业设计师比尔·莫格里奇（Bill Moggridge）和比尔·韦普朗克（Bill Verplank）在他们的工作中提出了"交互设计"一词。但一直到了90年代中期，"交互设计"才逐渐被其他设计师提起，其中的一个标志性事件就是Alan Cooper于1995年出版的 *About Face*。

发展到现在，数字时代的交互方式可以分为四个大阶段（如图5-1所示）。

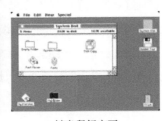

命令式交互　　　　　　键盘鼠标交互　　　触控交互　　虚拟交互

图5-1　交互发展的四个阶段（图片来源于网络）

第一阶段是命令式交互阶段。命令式交互开始于1946年超级计算机（ENIAC）的诞生，由专业的工程师通过键盘在命令行界面中向计算机输入命令，计算机根据接收到的命令反馈结果到显示器，至此完成一次交互，这个时期计算机的使用门槛非常高，基本都是专业机构、专业人士在使用。

第二阶段是键盘鼠标交互阶段。这个时期诞生了两个标志性的事物：用户图形界面和鼠标，1973年施乐公司的Alto计算机面世，标志着第一个用户图形界面的正式推出，但并没有直接推动计算机走出专业领域，直到1984年苹果公司发布了Mac OS1.0，该系统中不但有更加形象的用户图形界面，还可以通过鼠标来实现窗口的拖动，Mac OS1.0被看作是真正意义上的第一代苹果系统的用户图形界面，用户图形界面的出现也逐步推动了计算机走向大众消费市场。

第三阶段是触控交互阶段。2007年第一代iPhone的发布可以看作是进入触控交互阶段的标志性事件，用户可以直接用自己的手指触摸屏幕上的界面图形来进行操作，进一步提升了人机交互的自然感，同时，用户体验的概念也在这个时期逐步被提出。

第四阶段是虚拟交互（非接触交互）阶段，这个阶段的交互方式主要分为语音交互与手势交互两种，语音交互依赖于自然语言识别技术的进步，而手势交互依赖于 AR、VR 和 MR 技术的发展。2014 年亚马逊发布的第一款智能音箱可以看作是语音交互走向大众消费领域的标志性事件，而手势交互除了应用在一些游戏场景和特定的装置场景，也还没有大规模地出现在消费市场。

虽然交互方式已经发展到了第四个阶段，但目前看来交互设计的范畴还基本上停留在第三阶段——触控交互阶段。触控交互的物理媒介是屏幕，而命令的输入则依靠触控手势和用户图形界面的结合来完成，所以本章针对交互设计的讲解也都围绕触控手势和用户图形界面两个方面来开展。

5.1.2　交互手势的基础知识

每一个操作手势都会导致一个操作命令的结果，按、拧、推、拉、踩等动作是在生活场景中非常常见的物理交互方式，这也是由物理介质的多样性决定的。在屏幕交互的范畴中，屏幕的物理属性及技术的限制，在一定程度上决定了屏幕交互手势的种类。笼统地说，屏幕的基础交互手势有 4 大类别：点、按、滑、拖。"点"的手势通常帮助用户执行选中、跳转等操作；"按"的手势通常帮助用户进行一些隐藏或者快捷操作；"滑"的手势通常帮助用户去查看在同一平面上被隐藏起来的更多内容；"拖"的手势帮助用户来完成更多精细化的操作。在 4 大类别的基础上，再通过滑动距离、点按时间及力度、触点的多少等更精细化的操作来区分更细分的交互手势，完成更加精准和多样化的命令，如表 5-1 所示。移动端交互手势示意图，如图 5-2 所示。

表 5-1　交互手势说明

所属大类	具体手势	动作分解	对应预期操作	实际例子
点 Tap	点击	一个触点、点击一下	选中、跳转、生效	微信中编辑完信息点击发送 / 点击 APP 图标打开 APP/ 开启闹钟
	双击	一个触点，连续且快速地点击两次	放大 / 缩小、截屏	查看图片的时候双击可进行放大和缩小

续表

所属大类	具体手势	动作分解	对应预期操作	实际例子
按 Touch	长按	手指在固定的屏幕坐标点持续按压一定的时长	查看隐藏命令、激活编辑状态	微信聊天页面中长按消息会有浮窗弹出，方便进行更多操作
	用力按	手指在固定的屏幕坐标点达到一定力度的按压	激活快捷命令	iOS 的 3D Touch 功能，用力按住 APP 图标可以呼出一些常用快捷操作，不用打开 APP 的情况下就可以执行
滑 Swipe	左滑	在屏幕上快速地向左滑动，触点与离开点有一定距离，物体移动效果有物理惯性	查看右边的隐藏内容	通过左右滑动查看更多的隐藏内容
	右滑	在屏幕上快速地向右滑动，触点与离开点有一定距离，物体移动效果有物理惯性	查看左边的隐藏内容、返回上一页	iOS 的右滑返回上一页命令
	上滑	在屏幕上快速地向上滑动，触点与离开点有一定距离，物体移动效果有物理惯性	查看下面的隐藏内容、加载更多内容	看文章一直往上滑，查看更多内容
	下滑	在屏幕上快速地向下滑动，触点与离开点有一定距离，物体移动效果有物理惯性	查看上面的隐藏内容、刷新当前页面	Gmail 邮箱在页面顶部的状态，可通过下拉刷新收件箱
拖 Drag	拖曳	相对精确地跟随手指在屏幕上的坐标位置，手指离开屏幕则操作停止，不具备常规惯性	移动到指定位置	列表的拖曳排序、编辑照片调节具体参数时的滑动条操作
	旋转	手指在屏幕上进行角度旋转	旋转角度	照片编辑状态下的角度旋转
	展开	屏幕两个触点，并且向扩散的方向运动	放大画面，查看更多细节	查看照片的时候双指放大
	收缩	屏幕两个触点，并且向收缩的方向运动	缩小画面，查看更多内容	查看照片的时候双指缩小
其他 Other	双指滑动	两个触点同时滑动，不同的方向对应不同的命令	自定义的个性化命令	双指上滑关闭窗口
	三指滑动	三个触点同时滑动，不同的方向对应不同的命令	自定义的个性化命令	三指下滑截屏
	扫一扫	打开扫一扫功能，将相机对准目标物体	打开链接、识别文字或图像	扫二维码、扫文字、图像识别等

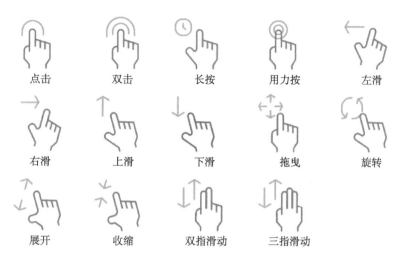

点击　双击　长按　用力按　左滑

右滑　上滑　下滑　拖曳　旋转

展开　收缩　双指滑动　三指滑动

图 5-2　移动端交互手势示意图

随着屏幕技术的发展及用户习惯的逐步养成，交互手势也在逐步变得更加多样化。从设计师的角度来讲，需要保持对交互手势发展的关注，同时也要做到区分哪些是已经形成用户普遍认知的常用手势，哪些是还未形成用户普遍认知的新手势。对于还未形成用户普遍认知的手势在设计时要慎重考虑，如果有应用则需要考虑怎样给用户明确的手势指引。另外需要注意的点是要考虑不同的操作系统对于交互手势的定义 / 设定，同样的手势在不同的操作系统中可能会有不同的定义 / 设定。

在物理交互的场景中，由于物体形态及材质的多样性，用户可以非常轻易地知道该用什么动作去完成一次操作。比如看到椅子，用户就知道这是可以坐上去的；看到遥控器，用户知道可通过按的方式来操作；看到带把手的抽屉，用户知道抽屉可以拉开；看到有把手的水龙头，用户知道通过拧的方式来打开水龙头……但是转换到屏幕交互的场景中，用户所接触的物理屏幕是相同的，没有任何差别，设计师就需要通过特定的信息来引导用户完成特定的操作，建立引导信息与交互手势的对应关系。

常见的引导信息方式有特定的视觉样式引导、文字引导、动效引导。**视觉样式引导**指的是通过图形化的方式设定一个特定的样式符号，让用户可以在不依赖文字信息的情况下也能做出正确操作。视觉样式引导的方式由于不依赖具体内容，延展性与统一性非常好，例如，在图 5-3 所示的样式引导示例中，视频模块的播放键，用户一看就知道点击播放键可以继续播放。**文字引导**通常会作为视觉样式的补充手段。在某些场景下视觉样式有可能让用户感到困惑，采用提示文案的方式引导用户更清晰地理解操作，比如图 5-3 中的文字引导示例，通过文案告诉用户点按以重试。相对于前两种的引导方式，**动效引导**

具备更加直观、更加吸引眼球的特点，同时动效引导对用户操作流程的打断感也比较弱，如图 5-3 中的动效引导示例，在直播的界面会一直有动效花絮的效果来引导用户点赞。

样式引导　　　　　　文字引导　　　　　　动效引导

图 5-3　交互引导方式示意图

5.2　交互设计流程

本书前面章节所讲的知识到交互设计的阶段，设计师基本上已经掌握相对明确的目标用户群体、具象的业务目标、相对清晰的产品功能点等基础信息。通过这些基础信息设计师也可以明确设计目标了。在交互设计的环节中，设计师要通过页面的方式把具体功能表达出来，转化成可直观体现信息和功能的低保真页面。

结合产品五要素，交互设计对应的是结构层和框架层的设计，建立完整的产品功能结构、信息框架及页面具体功能的呈现。为了更高效科学地完成从需求到页面的转换，可以把整个交互设计的流程拆分成五个节点，如图 5-4 所示，在每个节点完成时做一次比较充分的沟通，避免到最后输出的时候方案出现大方向上的错误。

信息结构梳理　　　　用户流程设计　　　　页面原型设计　　　　可用性测试　　　　交互文档输出

图 5-4　交互设计节点示意图

5.2.1　信息结构梳理

信息结构可以理解为整个 APP 的信息地图，通俗地说可以帮助用户明白他在哪、这里有什么、他可以怎么做。信息地图在空间设计中非常常见，它的另外一种说法叫导视系统，好比我们去逛商场，通过商场的导视地图（见图 5-5），就可以知道该商场有几层、每一层店铺的分布是怎样的，如果要去某一个店面怎么走路程最短。一套高效的信息地图可以帮助用户快速地了解所在空间的功能划分、用户所在位置及去目标位置的最佳路径，为用户的行动提供了信息前置的参考。APP 的信息地图就是一个虚拟的 APP 的导视地图，可以快速地建立用户对 APP 信息功能模块的快速了解，帮助用户快速直观地了解产品的信息模块，高效地引导用户在不同功能模块之间的切换，满足用户不同场景下的需求。科学的信息结构不但可以覆盖更多的用户场景，而且一定程度上提高了用户的使用效率，最终提升产品的用户体验及商业价值。

图 5-5　商场的导视地图（图片来源于网络）

信息结构的核心是信息的展示及获取，包含两个主要部分：组织结构和导航系统。组织结构可以理解为 APP 展示信息的分类方式及展示顺序；导航系统为用户浏览信息提供了方向指引，按照一种固定的操作路径去找到想要获取的信息。

组织结构

组织结构就好比是一个 APP 的地基，地基不稳的话，会直接影响到最终的用户体验。为了能够让 APP 的组织架构更合理，通常需要思考以下几个方面的事情：确定功能范围、确定分类方式、确定分类层级、划分优先级。

确定功能范围： 功能范围可以理解为 APP 为用户提供的服务范围、信息覆盖边界，通俗地说就是可以帮助用户做什么事情。功能范围的划定需要结合市场趋势、用户需求、商业目标等因素，而不是不切实际地天马行空去创想。只有结合实际场景的功能才能够产生商业价值和意义，但从另外一个角度上来说，一个 APP 的功能范围并不是一成不变的，市场趋势、用户需求、技术发展等元素的变化，都会导致同一个 APP 功能范围的变化，会新增功能，也会下线功能。拿微信来说，在微信刚上线的时候，基本定位是一款社交工具，免费地发送消息、语音信息是其核心功能，通过手机号码及 QQ 用户的导入，微信获得了第一批用户；当微信想进一步获得更多用户的时候，上线了摇一摇和扫一扫功能，摇一摇功能给微信带来了大量的新用户，扫一扫功能也让用户更快捷地互加好友，也为后续微信链接更多线下场景提供了入口；当微信已经获得了大量用户的前提下，在拉新的同时如何更好地留住老用户就成了微信面临的课题，在这个阶段微信上线了朋友圈功能。发展到这个阶段，微信的定位已经超出了单一社交工具的范畴，更多地成为了一款日常生活必备工具。为了满足更多的应用场景，微信逐步上线了更多的功能，例如公众号、支付、小程序、朋友圈发视频等，这些功能都进一步地帮助微信更好地留住了用户。当然，除了逐步地新增功能，微信也下线过一些功能，比如众所周知的漂流瓶功能。漂流瓶在 2019 年 5 月份的版本中被下线，漂流瓶的早期作用是拉新，而到了现在这个阶段，漂流瓶对于微信的贡献已经微乎其微，而且还会带来一些风险，所以被下线也是顺应了市场趋势和商业目标。

确定分类方式：确定分类方式就是参照分类法则，通过比较信息之间的相似度，把具有某些共同点或相似特征的信息归属于一个集合的逻辑方式。通过分类整理，能够使大量复杂的信息条理化、系统化，为用户快速全面掌握 APP 的信息或功能提供向导。分类方式的关键点在于分类规则的制定，普适性与统一性越高，用户的认知负担就越低。从本质上来讲，分类方式有两种：一种是场景分类法，它根据用户的需求场景或个性化的认知，把同一场景下用到的信息归纳到一起，方便用户集中获取同一场景中需要用到的信息；另一种是共识分类法，它依据已经形成的一些共识的客观认知规则，把属于相似客观认知的信息归纳到一起，方便用户依靠已有的客观认知（生活经验）就能够找到相关信息。

比如说电影类 APP 的分类模式，如图 5-6 所示，最小的内容颗粒度是影片，那么一起来思考下我们可以通过哪些分类方式让用户能够更好地找到自己想看的电影。按照场景分类法的方式，可以按照题材维度分为剧情片、喜剧片、动作片、爱情片、犯罪片、悬疑片等，也可以按照一些个性化的维度分类，比如最近热播、最新上架、豆瓣好评、知乎高分等，在这种分类方式中，每个维度下的细分类的界限并非严格意义上的泾渭分明，会有一些重叠现象的存在，比如说同样的一部电影，它可能会同时出现在最近热播和豆瓣好评两个类别里面，当用户不知道看什么电影的情况下，通过依据场景的个性化推荐，从用户场景做切入，引导用户去选择更符合自己当前场景的影片；按照共识分类的方式，可以按照发行地区分为内地、中国香港、美国、欧洲、中国台湾、日本等，也可以按照导演分为李安、周星驰、卡梅隆、黑泽明等，还可以按照上线时间分为 2020、2019、2018、2017、90 年代、80 年代等。在这种分类方式下，由于明确的客观信息属性的存在，每个维度下的小分类的边界非常明确，基本上不会出现同一电影属于两个小分类的情况，在用户有明确的观看目标的情况下，采用共识分类法能够帮助用户快速精确地完成电影查找。

图 5-6　电影类 APP 分类示意图

确定分类层级：分类的层级最终会体现在分类的宽度和深度上，需要结合实际的内容信息的数量、用户需求等因素来找到一个平衡点，层级越宽，横向内容越多，容易让用户失去焦点，层级越深，用户的操作路径就会越长，容易让用户失去耐心；反之，层级越窄或越浅，都会造成具体类目下具体内容数量较多，降低用户查找的效率，所以，在确定分类的宽度及深度的时候，找到一个平衡点非常必要。如图 5-7 所示，京东、网易严选、每日优鲜都是购物类的 APP，但由于三者的商品数量、用户群体、使用场景的差异，各自的分类层级和数量也都不相同。

　　分类层级的归纳从自下而上和自上而下两个角度来梳理。自下而上的角度通常以底层的内容为基础，按照一定的具有公共认知的属性或指标来整理归类，这些分类通常是固定的，不会经常做改变，会更接近人们已经掌握的一些社会通识信息。比如说有一定数量的电影，出品地有中国内地、中国香港、美国等，那么就可以根据这些公共信息，把出品地当成一个划分指标，不同的出品地就可以当成一个分类；自上而下的角度通常是配合商业目标或产品目标，先确定一个分类方向，再根据这个方向来归纳底层的内容，这些分类通常是配合特定的商业目标、特定的用户或特定的时间节点来设定的，它们通常是不固定的，会根据时间或实际数据的变动进行改变。比如说《速度与激情》的最

图 5-7　购物类 APP 分类对比示意图

新一部要上映了，一些视频网站为了提高用户的活跃度，会额外开辟一个"硬汉特辑"的分类，来配合《速度与激情》的上映，以便吸引更多的喜欢该类题材的用户，当《速度与激情》的热度过去以后，运营方可能会更换成其他主题的分类。在实际的产品设计中，一般会以自下而上的逻辑为基础，再配合商业目标按照自上而下的逻辑补充一些分类，通过两种逻辑相结合的方式，去满足更多的用户场景。自上而下与自下而上的分类逻辑示意图，如图 5-8 所示。

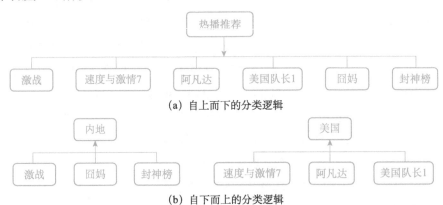

（a）自上而下的分类逻辑

（b）自下而上的分类逻辑

图 5-8　分类逻辑对比示意图

　　划分优先级：由于屏幕展示面积有限，我们没有办法把全部的信息一次性地展示给用户看，这个时候就要划分好信息的优先级，把用户最需要的信息优先提供给用户。影响信息优先级的因素主要有以下三个：用户需求、商业需求、技术限制。**用户需求**即在当下场景里可以满足用户做出决策的信息范围，需要注意的是并不是把用户需要的所有信息都提供给用户，这里指的是提供足够用户在当前场景里面做出决策的信息就好了。

比如说电商类 APP 的商品列表页，一般只需要提供商品图片、名称、价格、核心卖点或利益点等信息就可以了，通过这些和商品相关的基本信息，用户就可以做出是否要进一步了解该商品详情的决策了；**商业需求**指的是具备一些商业价值的信息模块，可以是直接带来资金或数据（用户量、用户活跃数）层面的收益。比如说常见的 APP 的启动页的广告、信息流类产品的热点模块推荐等，这些信息不一定是用户需要的，但一定程度上可以帮助产品达成商业指标；任何 APP 的实现都依赖于**技术**，技术成熟度高、风险小的功能优先级会相对较高，技术难度大、成熟度低的功能优先级会相对低一些，技术的成熟度直接关系到用户体验的好坏。在我们日常工作中做技术评审的时候，开发人员通常会把技术难度大的功能点往后排，从另外一个角度讲，当某个 APP 掌握了具备核心优势的技术时，该 APP 也会把利用该技术的信息模块放在比较高优先级的位置，因为核心技术在一定程度上会带来商业或数据上的收益。比如说著名的图片社交产品 Instagram，最先应用了在用户发布图片前可以使用滤镜的功能，该功能给产品带来了非常多的用户好评，所以在流程的设计上每次用户发布图片的时候，都必定会出现选择滤镜的界面，而不是把滤镜放在一个可有可无的位置，如图 5-9 所示。

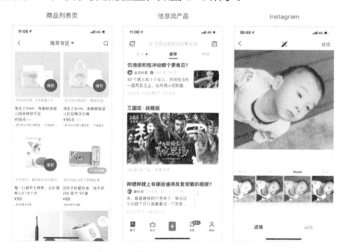

图 5-9　信息优先级对比示意图

导航系统

去过宜家的人都知道宜家的导视系统是非常简单清晰的，它帮助用户能够清晰地看到主要商品的分布区域，宜家规划的常规路线是从入口开始→逛遍整个宜家→到达出口，但对一些有自己精确购买目标的用户来说，他们需要一种更快捷的方式到达自己的目标商品区域，而不是按照常规路线从头逛到尾。所以宜家的路线提供了一些快捷通道，可以在一些大区域之间快捷穿梭，这样就可以高效地满足了那些有精确购物目标的用户。

在一个 APP 中，合格的导航系统一般能够达成两个层面的价值：一是帮助用户快速了解 APP 内信息的组织结构，帮助用户明白该 APP 都可以提供哪些服务，并且规划好信息的呈现顺序，提高信息获取效率；二是让信息跨越组织结构，在不同的层级间有快速穿梭的路径，帮助用户在组织系统的框架下达到某种快速获取信息的目的。通俗的理解就是导航系统可以帮助用户理解自己可以干什么、自己在哪、怎么去目的地最快速。

常见的导航样式包括选项卡导航、抽屉导航（汉堡菜单）、顶部滚动导航、列表导航、卡片导航、宫格导航、侧边导航、陈列导航、下拉导航。为了能够让大家更清晰地了解 APP 端导航样式，下面用示意图和实际产品案例来更进一步地加以说明。

选项卡导航是最常用到的导航样式，在最早版本的移动端规范里存在两种样式，一种是 iOS 的规范，位于底部，另一种是 Android 的规范，由于 Android 系统底部有三个按键，Android 系统把选项卡导航放在了屏幕的顶部，数量一般不超过 5 个，不过现在 Android 也慢慢取消了这个规范。选项卡导航效果及应用，如图 5-10 所示。

图 5-10　选项卡导航效果及应用示意图

抽屉导航的另外一种说法叫汉堡菜单，常规状态下只展示一个入口 icon（图标），菜单选项是隐藏的，点击入口 icon（图标）之后菜单会侧滑展示出来。抽屉导航效果及应用，如图 5-11 所示。

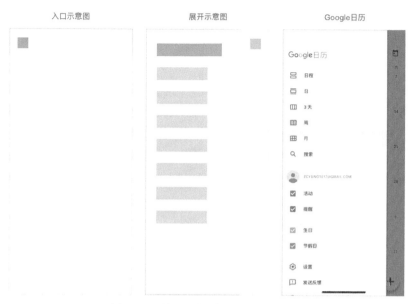

图 5-11　抽屉导航效果及应用示意图

顶部选项卡导航跟选项卡导航（顶部）的样式非常接近，最大的不同是可以通过左右滚动的方式展示更多的内容。顶部选项卡导航效果及应用，如图 5-12 所示。

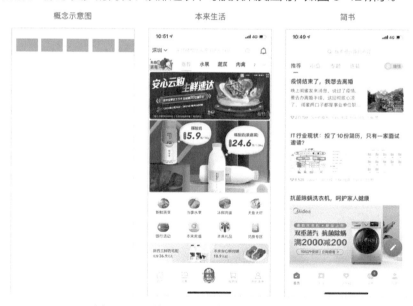

图 5-12　顶部选项卡导航效果及应用示意图

列表导航常用在相同属性的信息数量较大的场景中，数量一般不做限制，数量过多会进行分类展示。列表导航效果及应用，如图 5-13 所示。

图 5-13　列表导航效果及应用示意图

卡片导航会占用屏幕比较大的区域，常用在一些重点内容或重点入口的展示中。卡片导航效果及应用，如图 5-14 所示。

图 5-14　卡片导航效果及应用示意图

宫格导航经常在功能集合入口的场景中使用，一般一行会有 3~5 个元素，常规情况下不会超过 3 行，超过 3 行的情况会采用不同的样式做区分或者划分分类的处理手法。宫格导航效果及应用，如图 5-15 所示。

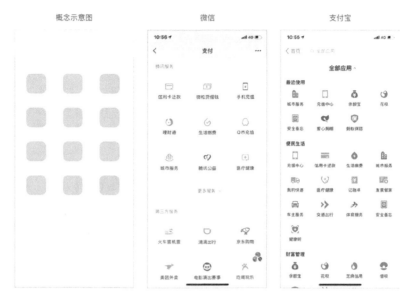

图 5-15　宫格导航效果及应用示意图

　　侧边导航通常会用在分类比较多，并且用户需要在多个分类下频繁切换的场景中，充分地利用屏幕的竖向空间。侧边导航效果及应用，如图 5-16 所示。

图 5-16　侧边导航效果及应用示意图

　　陈列导航常用来展示包含图片和文本等比较复杂信息类型，通过信息组的方式把相关的零散信息组合起来，并且把这些信息组按照一定的规则做排列。陈列导航效果及应用，如图 5-17 所示。

图 5-17　陈列导航效果及应用示意图

下拉导航与抽屉导航有相似之处，常规状态下只展示入口 icon（图标），触发入口 icon（图标）后，会展示出具体的菜单选项。下拉导航效果及应用，如图 5-18 所示。

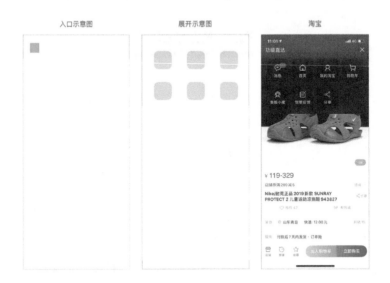

图 5-18　下拉导航效果及应用示意图

但是在实际的产品设计中，单一的导航方式很难满足产品设计需求，这种情况下就需要用到两种或者两种以上的导航样式相互结合使用，可以称为复合导航。相对于单一导航，复合导航才是用户在日常接触的产品中最常见的样式。如图 5-19 所示，美团外卖的首页采用了宫格导航、卡片导航和陈列导航的组合，滴滴打车的首页采用了顶部选项卡导航和抽屉导航的组合。

图 5-19　复合导航示意图

在思考导航设计时，不管采用哪种导航方式，都需要遵循以下 4 个准则：简单、可见、清晰、一致。简单指的是让用户能够看得明白、没有额外的学习成本；可见指的是在任何场景下都应该尽量保证导航可以被用户看到，而不仅仅是在我们认为用户需要的时候可见，因为用户不是完全一致的，用户的使用场景也不完全是统一的，我们也就没有办法去判断导航在什么时候才是用户真正需要的；清晰指的是任何时候都能够让用户知道他在哪，让用户可以清楚地找到返回和前进的入口；一致指的是在同一个产品里面，导航方式的运用在任何界面都应该是保持统一的，包括样式及文案。

5.2.2　用户流程设计

产品的信息结构梳理完成之后，那该怎么样让不同的信息模块串联起来为用户服务呢？这个时候就需要进行流程的设计了，用户流程设计就是结合用户需求、场景及技术限制，按照一定的次序将信息串联起来的过程，用来表示这一过程的图称为流程图。在实际的工作场景中，流程图可以直观地展示出产品正常使用的相关逻辑，帮助参与人员更好地理解产品相关逻辑，同时也能够起到查缺补漏的作用，尤其在一些分支流程较多的产品场景中。

A flowchart is a type of diagram that represents an algorithm, workflow or process, showing the steps as boxes of various kinds, and their order by connecting them with arrows. This diagrammatic representation illustrates a solution model to a given problem. 流程图是一类代表算法、工作流或过程的图表，它通过一些用箭头连接的各类图形来展示其中的步骤。这类图形表示方法常用来阐述一个给定问题的解决模型。

——维基百科

流程图的分类

从使用场景来分，流程图可以归纳为 4 类：业务流程图、页面流程图、用户流程图、数据流程图。这 4 类流程图并没有绝对意义上的好坏，都有各自适用的场景。业务流程图从业务流程的角度把业务逻辑讲清楚，不涉及具体的操作与执行的细节，只讲业务核心流程节点，即用户行为节点；页面流程图以页面为基础单元，将抽象的业务逻辑划分在实际的页面上，可以直观地看到用户完成整个流程总共需要多少个页面，哪些页面比较复杂需要拆解、哪些页面比较简单可以合并，同时也方便设计师直观地去评估工作量；用户流程图从用户的视角上展现了用户使用产品的功能操作流程，包含页面视图和用户操作内容，可以看到更详细的和用户行为相关的操作；数据流程图基于程序实现的角度，以数据为核心，展示整个流程中数据是如何处理的，直观地展示了前端用户操作行为与后端数据处理的映射关系，帮助工程师更深刻地理解程序的开发原理和背后的数据流转。

一个完整的流程图一般会有三个组成部分：主干流程、分支流程、子流程。主干流程可以理解为大多数用户的常用操作路径；分支流程可以理解为除常规操作路径之外的其他操作路径；子流程可以理解为将几个具有逻辑关系的节点集合在其他流程中，并且可复用的流程，比如常见的登录流程、支付流程等。

怎样画流程图

1. 流程图的基本元素（见图 5-20）。

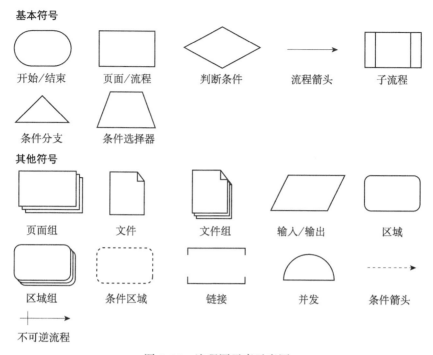

图 5-20　流程图元素示意图

· 基本符号说明

开始 / 结束：表示流程图的开始或结束，常用在一个完整流程图的起点和终点。

页面 / 流程：表示了一个具体的操作页面或步骤。

判断条件：表示条件标准，比如说"密码是否正确"。

流程箭头：表示流程的下一个步骤，可以给箭头添加注释，但注释一般描述的是上下两个页面之间的用户操作行为，而不是页面展示行为。

子流程：将流程中有逻辑关系的一些页面集合成一个子流程，方便主流程调用。

条件分支：表示系统决定让用户走下一步的哪条路径，路径是单项的。

条件选择器：和条件分支类似，但用户下一步的路径并不是唯一的。

· 其他符号说明

页面组：表示多个页面的集合。

文件：表示输入或输出的文件。

文件组： 表示多个文件的集合。

输入/输出： 表示资料的输入或结果的输出。

区域： 表示一个模块，可以包含多个流程或页面。

区域组： 表示多个区域的集合。

条件区域： 表示满足某种条件才能出现的区域。

链接： 表示一个目标到另一个目标的连接关系。

并发： 表示同时发生的两个流程。

条件箭头： 用于连接满足特定条件的流程步骤。

不可逆流程： 表示流程只有一个方向，不会有逆向的步骤。

2. 流程图一般由三类结构构成，这三类结构分别是：顺序结构、选择结构、循环结构。顺序结构中，各个步骤是按先后顺序执行的，这是一种最简单的基本结构。如图 5-21 所示，顺序结构中节点是三个连续的步骤，它们是按顺序执行的，即完成上一个框中指定的操作才能再执行下一个动作；选择结构又称分支结构，选择结构用于判断给定的条件，根据判断的结果来控制程序的流程；循环结构又称为重复结构，就是流程在一定的条件下，反复执行某一操作的流程结构。循环结构包括三个要素：循环变量、循环体和循环终止条件。在流程图的表示中，在判断框内写上条件，两个出口分别对应着条件成立和条件不成立时所执行的不同指令，其中一个要指向循环体，然后再从循环体回到判断框的入口处。

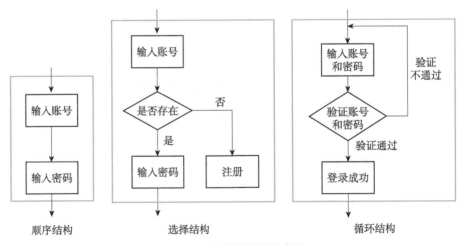

图 5-21　流程图结构示意图

3. 掌握了流程图的基本元素和顺序结构之后，就可以开始尝试画流程图了，但在画的过程中还需要注意以下一些点，以帮助你把流程图画得更完善。

- 绘制流程图时，为了提高流程图的逻辑性，应遵循从左到右、从上到下的顺序排列。
- 菱形为判断符号，必须要有"是和否（或 Y 和 N）"两种处理结果，意思是说，菱形判断框一定要有两条箭头流出，且判断符号的上下端流入流出一般用"是（或 Y）"，左右端流入流出用"否（或 N）"。
- 同一流程图内，符号大小需要保持一致，同时连接线不能交叉，连接线不能无故弯曲。
- 流程处理关系为并行关系的，需要将流程放在同一高度。
- 流程图中，如果要参考其他子流程，不需重复绘制，直接用子流程符号即可。
- 必要时应采用标注，以此来清晰地说明流程，标注要用专门的标注符号。

泳道图

泳道图也是流程图的一种，其作用和流程图一样，用于描述一个从开始到结束的过程，不同的是它会把所有的步骤分配到不同的类别、角色，以帮助我们区分不同步骤所属的角色、系统或分布，把对应的"事"和"人"直观地联系起来。对于涉及多角色或多系统的流程图来说，采用泳道图的形式会更加清晰和直观。还是以购物流程来说明，如果用泳道图来表现，其效果如图 5-22 所示。

工具推荐

画流程的工具有很多，有应用程序类的，也有在线工具类的。不管是哪个类别但其基本的功能都差不多，工具没有标准，找一款适合自己的就可以。

- 应用程序：Visio（微软出品）、Omnigraffle、Axure，应用程序图标如图 5-23 所示。
- 在线工具：www.processon.com、www.draw.io、www.app.timblee.io、cacoo.com、www.lucidchart.com。

使用这些专业的流程图工具会帮助我们更专业及更高效地输出，但请时刻注意，画流程图的前提是想清楚流程，只有想清楚了流程才能在后面画得清楚，如果没有想清楚则任何工具都不能帮助你。在前期思考的时候，笔和纸才是最好的工具。

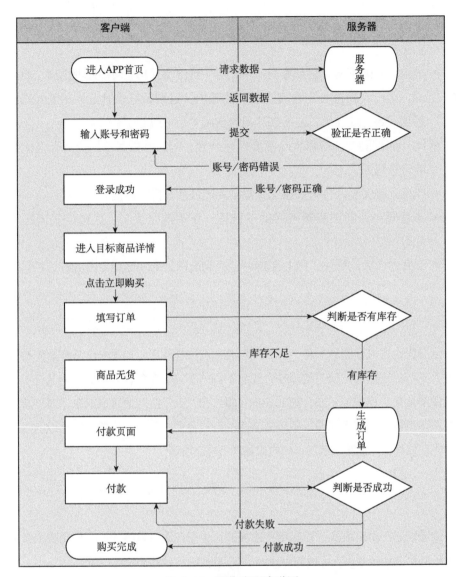

图 5-22　购物流程泳道图

图 5-23　流程图工具示例

理论上来讲，流程图的细致程度越高，产品设计就会越准确。但实际工作场景中流程图并非越细致越好，越细致意味着需要花费更多的时间，反而有可能会造成时间的浪费。流程图的最终目的是帮助参与人员能够更准确、高效地理解产品，所以往往需要根据不同的沟通目的，选择画不同类型的流程图。流程图仅仅是最表象的表现，流程图背后的思考才是关键所在。

5.2.3　页面原型设计

当 APP 的信息结构和用户流程梳理清楚了之后，这个 APP 的大概逻辑和功能点都已经非常清晰了，但目前的清晰还只停留在 APP 设计的参与人层面，那么下一步就要进入具象页面的绘制阶段，因为用户是需要使用具体的页面才能够使用我们的 APP 的。下面就来讲解一下关于页面原型设计的知识点，帮助大家了解如何把抽象的功能点转换成具象的页面。

页面原型设计的参考原则

拇指原则： 是资深交互设计师 Steven Hoober 在 2013 年对 1300 名手机用户的调查研究后提出来的一个新名词。他通过研究发现，49% 的用户都单手拿着手机，使用拇指进行操作。甚至某些大屏手机使我们不得不进行双手持握的时候，多数人也还是倾向于使用自己的拇指操作。另外一位知名设计师 Josh Clark 在另一项研究中也得出了类似的结论，他指出：75% 的手机交互都是由拇指完成的。由此，拇指原则是很多设计师在进行页面设计时都绕不过去的原则之一。需要用户高频操作的入口放在屏幕下半部分，方便用户单手快捷操作，把具有破坏性或者不经常操作的入口放在屏幕的上半部分，提高操作门槛，一定程度上防止误操作，并且把易操作的区域留给高频的入口。右手单手拇指操作区域，如图 5-24 所示。

图 5-24　右手单手拇指操作区域示意图

拇指原则偏重于交互的操作层面,需要考虑的是怎样使用户更方便地操作。现在随着手机屏幕的尺寸越来越大,拇指原则的重要性在逐步降低,但也不能忽略。

视觉原则:依赖于印刷品及传统按键手机的信息获取习惯,从区域位置的角度上来讲,顶部区域的位置会更容易吸引用户的眼球。顶部区域容易获取信息,底部区域方便拇指操作,这也符合了人类思考的逻辑,即获取信息—处理信息—做出行动。所以在页面设计中,一些优先级比较高的信息通常都会放在页面的顶部(上半部分)位置,形成了内容在上、操作在下的常规法则,用眼睛获取信息,用手来做出操作。

系统原则:目前,移动端的两大主流操作系统是苹果手机的 iOS 系统和其他手机(三星、OPPO、vivo、小米等)的 Android 操作系统,两大操作系统占据了移动操作系统的99% 的市场份额,对于一般的 APP 来说,通常只需要考虑两个系统的适配就好了。

页面设计的基本元素构成

为了方便大家更好地理解页面构成的基本元素,这里以 iOS 13.0 版本的设计规范为基础来讲解。一是因为 iOS 生态系统在落地的规范性和标准性上非常高,是移动端操作系统的标杆;二是因为就移动端操作系统的设计趋势来讲,iOS 和 Android 也慢慢地向着同质化的方向发展,两个系统在表现层的方面有着越来越多的相似性,都在朝着更贴合用户习惯发展趋势的方向演变。iOS 的设计规范是非常庞大的一套移动端设计指导的系统,在这里我们只讲和页面设计关系比较紧密的 3 个元素:栏(Bars)、视图(Views)和控件(Controls)。iOS 设计规范是每个移动端设计师的必修课,建议大家都可以去其官网更加全面地学习一下。iOS 设计规范概览,如图 5-25 所示。

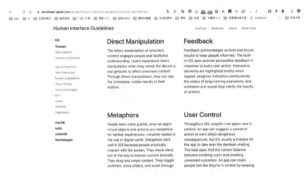

图 5-25　iOS 设计规范概览

1. **栏(Bars)**是页面构成中的重要元素,在 iOS 系统中把栏分为了基本的 5 种类型:状态栏(Status bar)、导航栏(Navigation bar, Nav bar)、搜索栏(Search

bar）、选项栏（Tab bar）、工具栏（Toolbar）。每种栏的具体位置，如图 5-26 所示。

图 5-26　栏的分类示意图

状态栏（Status bar）位于屏幕的顶部，用于显示系统的当前状态，比如信号、电量、时间、网络等。同时当系统处于多进程状态或需要一些进程在后台运行时也会通过状态栏来提示，比如地理位置、录制屏幕、同时在拨打电话等。为了能够给用户更沉浸式的体验，状态栏的文本支持深色和浅色两种模式。状态栏样式，如图 5-27 所示。

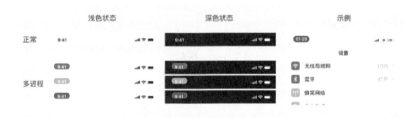

图 5-27　状态栏样式示意图

导航栏（Nav bar）位于状态栏的下面，一般用于展示当前页面的标题和离开页面的入口，帮助用户知道自己在哪里、怎么离开这里、可以去往哪里。根据元素位置的不同，导航栏的信息可以划分为 3 个类型：左侧区域，一般会放返回按钮（可以单独使用也可以搭配父级标题的文字使用）或动作按钮，通常只会放 1 个；中间区域，通常会放页面标题，常见的有主标题、主标题 + 副标题、空状态；右侧区域一般会放行动按钮，可以是文字的形式，也可以是 icon（图标）的形式，但最多不会超过 3 个。当左侧和右侧区域都是动作按钮的时候，左侧区域的按钮通常是一些代表负向操作流程的按钮，比如关闭、删除、取消等，右侧区域的按钮通常是一些代表正向操作流程的按钮，帮助用户进行下一步或开启新的流程，比如保存、完成、编辑等。导航栏样式，如图 5-28 所示。

图 5-28　导航栏样式示意图

搜索栏（Search bar）位于导航栏的下方，为用户提供了快捷获取信息的方式。搜索栏有 3 种常见的样式：单搜索栏、搜索栏 + 小标题导航栏、搜索栏 + 大标题导航栏。搜索栏通常包含了一些必要元素：占位图标或文本、内容清除按钮、退出搜索的取消按钮、语音输入按钮。由于搜索入口的高触达性，目前有非常多的 APP 会把搜索入口由单纯的信息检索入口扩展成流量分发入口，进一步提升搜索入口的使用价值。比如京东就把一些促销信息以默认文本的方式放到搜索栏中，招商银行的 APP 则把智能助手这一新功能的入口融入到搜索栏中。搜索栏样式，如图 5-29 所示。

图 5-29　搜索栏样式示意图

选项栏（Tab bar）通常位于页面的底部，促进了信息的扁平化，为用户提供了前往多个平级信息的快捷入口。在 iOS 的规范中，选项栏最多不会超过 5 个标签，标签的样式可以是 icon、文字和文字 +icon。从信息层级上来讲，每个标签的信息层级都是平等的，为了让用户更加注意到某个标签，在 iOS 的规范中提供了小红点（Badge）的方式，在实际的产品设计中则衍生出了更多的形式，例如，使用更特别的样式、微动效的使用。通常默认展示的页面会是左边的第一个标签，但也有的 APP 会把默认页面设定成中间的标签（标签个数为奇数的情况下）。选项栏样式，如图 5-30 所示。

图 5-30　选项栏样式示意图

工具栏（Toolbar）通常放在页面的底部，方便用户快捷地对当前的页面或视图进行一些操作。常见的样式有 icon、文字和 icon+ 文字的样式，具体样式可以根据具体的情况灵活使用。数量通常会有 2 ~ 5 个。工具栏样式，如图 5-31 所示。

图 5-31　工具栏样式示意图

选项栏和工具栏的异同点：从位置上来看它们都出现在屏幕的底部，从形式上看它们都可以灵活选用三种形式（icon、文字、文字 +icon），从数量上看原则上都不超过 5 个；但从操作性质上来看，选项栏帮助用户快速地在不同信息模块之间进行切换，而工具栏则是帮助用户更方便地去执行针对当前页面的相关操作，并且在同一个页面中原则上不会同时在底部出现选项栏和工具栏。比如说今日头条，选项栏用于帮助用户在首页、西瓜视频、小视频及我的模块间快捷切换，在具体新闻的工具栏中，则提供了评论、收藏、点赞、转发的入口，帮助用户快速地参与互动。选项栏与工具栏对比样式，如图 5-32 所示。

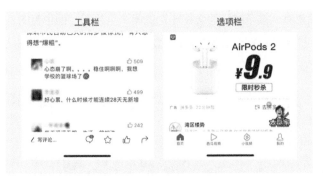

图 5-32　选项栏与工具栏对比样式示意图

2. 视图 Views。视图是承载页面具体内容的容器，不同的视图样式适合不同的内容呈现，在这里主要讲解比较通用的 5 种视图样式：操作列表（Action Sheets）、活动视图（Activity Views）、警告框（Alerts）、滚动视图（Scroll Views）、表格视图（Tables）。

操作列表（Action Sheets）由页面的底部向上弹出，包含与用户上一步操作有直接关系的多个并列的操作命令，引导用户完成不同结果的操作，通常会提供取消的按钮。操作列表通常会在两种场景中使用：一是用户的操作产生多个不同的并列结果时，二是需要用户在多个相同类型的选项中选择一个选项时。但操作列表的使用通常会遵循 3 个原则：一是突出特别需要用户注意或有破坏性的操作；二是避免太多选项造成列表过长而必须设计成可滑动，这样容易造成用户的误操作；三是提供取消按钮，为用户的退出提供明确的操作。操作列表样式，如图 5-33 所示。

图 5-33　操作列表样式示意图

活动视图（Activity Views）该视图由页面的底部向上弹出，通常包含了多个并列的定制化的操作，也可以理解为是一些活动入口的集合。比如常见的分享弹窗，弹窗内列举了多个并列的分享途径。活动视图样式，如图 5-34 所示。

图 5-34　活动视图样式示意图

警告框（Alerts）出现在页面的中间位置，通常用于传达用户必须知道的信息，可以是由用户操作主观引起的，也可以是由设备或 APP 等客观因素引起的信息。由于警告框的位置原因，警告框一旦出现就会打断用户的操作，容易造成用户的跳出感，所以在选择使用警告框的时候一般会考虑信息是否足够重要必须要让用户知道、内容是否足够简练、尽量不要出现滚动等因素。警告框的样式一般会有 3 种类型：一是纯消息通知类型，通常只有一个按钮；二是需要用户做选择的类型，这种类型通常会有两个按钮，并且两个按钮的操作结果是完全不同甚至是相反的，比较符合用户期待的按钮一般会放在右侧，而用户不太期待的按钮则放在左侧；三是需要用户进行文本输入的类型，这种类型增加了文本输入框，帮助用户完成一些必要的文本输入，但文本通常不会太长。警告框样式，如图 5-35 所示。

图 5-35　警告框样式示意图

　　滚动视图（Scroll Views）通常是文本和图像的集合，结合用户滑动的动作，去承载更多的信息。从类型上来讲竖向滚动视图和横向滚动视图对应的操作手势分别是上下滚动和左右滚动，如果从操作的便利性上来讲，上下滚动的操作会更加方便，也能够承载更多的信息内容。左右滚动视图通常会用在同时展示多个比较简短的集合信息的场景。比如说一些商品详情的介绍页通常会用到竖向滚动视图，一些活动的入口则会采用横向滚动视图。滚动视图样式，如图 5-36 所示。

图 5-36　滚动视图样式示意图

　　表格视图（Tables）通常用于展示多个或多组信息结构相同的信息集合，以文本为主，有时候也会包含图标。表格视图适用于展示排列顺序规则统一、单位数量多且单个信息量小的信息集。经常有人会分不清楚 Table、List、Form 和 Chart，在这里再进一步讲一下：List 表示"清单"，含义最广，在移动端页面设计的范畴里通常指文本和图像组成的信息集合，比 Table 包含的信息内容也更复杂；Form 表示"表格"，通常用于复杂文本信息的集合展示或一些资料的填写场景；Chart 表示"图表"，指利用可视化的方式把信息资料进一步形象化地展示出来，比如说常见的一些可视化的图表（柱状图、折线图、饼状图…）都属于 Chart 的范畴。四类视图的对比样式，如图 5-37 所示。

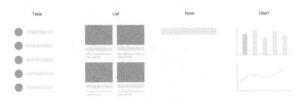

图 5-37　Table、List、Form、Chart 对比样式示意图

3. **控件** Control。控件指的是代表用户操作的特定样式的元素，每一个控件的背后都映射了一种交互方式，也代表了一种操作结果。常见的控件包括：按钮（Button）、页面指示器（Page Control）、进度指示器（Progress Indicator）、刷新控件（Refresh Content Control）、分段控件（Segmented Control）、滑动条（Slider）和开关（Switch）。

按钮（Button）是页面上最常见的控件之一，通常位于导航栏或工具栏上，但也会出现在页面中。按钮映射了点击的操作动作，通常包含了 3 种基本状态：常规状态（可点击状态）、禁用状态、点击后状态。常规状态是按钮最常见的状态，也称为正常状态，暗示用户该按钮可以进行点击操作；禁用状态是按钮的不可用状态，告诉用户该状态下的按钮不可点击，就算是用户点击了也不会产生任何的操作结果；点击后状态告知用户已经完成操作的信息，在那些点击按钮后不会立即产生操作结果的场景中点击后状态更是不可缺少的。常见的按钮分为 4 种样式：常规按钮、纯文字按钮、纯 icon 按钮、复合按钮。常规按钮由子文本和几何图形构成，几何图形通常是矩形、圆角矩形、圆形等，为了适用更多的场景，几何图形通常会规定三种不同的大小；纯文字按钮通常由一个简短的动词构成，直观地告诉用户该文字按钮背后的操作结果；纯 icon 按钮指的是只有一个 icon 的按钮，纯 icon 按钮中的 icon 通常是已经具有广泛用户认知基础的 icon，比如删除、收藏、分享、添加等 icon；复合按钮指的是由 icon+文字或几何图形 +icon+ 文字组成的按钮，复合按钮的份量会更重，通常会用在比较重要或者是独立的操作行为上面。按钮样式，如图 5-38 所示。

图 5-38　按钮样式示意图

页面指示器（Page Control）是作用于全页面的一个控件，指引用户可以在多个页面之间进行切换的操作行为，用户通常通过左右滑动来查看几个不同的页面。页面控件有几个特点：一是多个页面之间是平级的关系；二是数量上来说一般不会超过 10 个页面；三是通常位于页面的底部，不影响页面的主要内容展示。页面指示器样式，如图 5-39 所示。

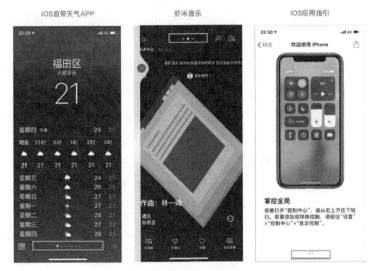

图 5-39　页面指示器样式示意图

进度指示器（Progress Indicator）是用来告知用户进度的控件。在程序做数据处理的时候，界面需要长时间保持同一种状态，为了避免让用户陷入程序没有在工作的错觉，就需要利用进度指示器来告知用户程序在正常工作。进度指示器一般用动画效果来表现，动画可以形象地表示出进度的状态。如果进度是可以用时间来量化的，最好的处理方法是告诉用户需要等待的时间，这样用户会有明确的心理预期，但前提是等待时间的预估一定要准确，否则会起到适得其反的效果。进度指示器一般用来针对整个页面的提示，位置可以根据情况放在页面中间、顶部或者底部。进度指示器样式，如图 5-40 所示。

图 5-40　进度指示器样式示意图

分段控件（Segmented Control）用于切换页面中的不同视图，通常用于表示多个并列层级的信息，可以是针对整个页面的内容区域，也可以是针对页面的部分区域。

分段控件的数量一般是 2 ～ 5 个，超过 5 个容易造成用户误点击，每个分段控件的大小应该是一致的。分段控件的第一段一般默认展示，会放置用户更关心的内容信息。分段控件分为纯文字和纯 icon 两种样式，一般不会用文字 + icon 组合的样式。分段控件样式，如图 5-41 所示。

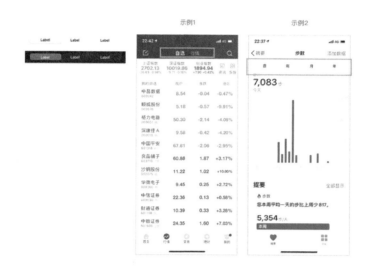

图 5-41　分段控件样式示意图

滑动条（Slider）可以让用户在最小值和最大值之间随意滑动，常会用在需要调节和用户感官联动的元素上面，比如常见的亮度调节、音量调节等。

开关（Switch）用于切换两个完全互斥的状态。就像开关电灯一样，用户能够感知到的只有打开和关闭两种状态。开关控件通常用在表格中，也可以用在管理页面管理功能的可用性上。

还有一些比较简单的控件，在此就不一一做详细介绍了，具体样式，如图 5-42 所示。

图 5-42　更多控件样式示意图

页面原型设计的方法

当彻底了解了页面设计的原则和基本元素之后，也就为页面的设计打好了基础，此时结合实际的产品需求就可以利用这些基本元素组合成正式的页面了。在进行页面设计的时候，也有一些技巧和方法帮助你可以更高效更高质量地完成页面的设计。通常来说一个标准的页面设计过程有以下三个阶段：

1. 纸面原型。通俗的理解就是用纸和笔，采用手绘的方式快速地进行原型的设计。纸面原型具有门槛低、绘制灵活、呈现高效的特点，可以帮助设计师快速地把多个想法用具象的方式表达出来，帮助设计师直观地初步对比每个方案的优缺点。尤其是在设计刚开始阶段，一定要尽量先用纸面原型的方式启动设计，尤其是在设计方向不明确、需要频繁地和他人做方案探讨的场景下，纸面原型的高效性会更有利于工作的开展。纸面原型的设计不需要太注重细节，把核心的功能点和大模块画清楚就达到目的了。纸面原型示意图，如图 5-43 所示。

图 5-43　纸面原型示意图（图片来源于网络）

2. 计算机原型。什么阶段可以在计算机上进行页面原型设计呢？常用的判断标准是当设计师可以在脑子里清晰地想象页面的布局及 80% 的细节的时候，再用计算机去设计才有意义，不然就需要通过纸面原型再帮助自己明确一下相关的元素和想法。当你的想法不够明确的时候盲目地用计算机做图反而会降低效率，还会让方案失去很多的可能性。计算机原型设计阶段需要利用规范的元素组件来设计页面，避免一些随意的不规范的输出。另外设计师经常犯的错误是不够真实。拿一个包含主标题和副标题的文本控件来举例，有些设计师会用"xxxx"的占位符来代替文本，又或者用"文本文本文本"之类的字符来代替，这两种做法都是不合格的原型设计，正确的做法是应该写上和正式场景相符合的文字内容来占位置。推荐的计算机原型的设计标准示意图，如图 5-44 所示。

图 5-44　计算机原型的设计标准示意图

3. 添加交互说明。一个完整的交互原型除了页面设计，详细的交互说明也是必不可少的部分。交互说明交代了页面可视元素的状态变化及一些执行条件，详细的交互说明为页面的多种状态变化提供了统一的标准，统一了项目参与者的认知，同时也为代码实现提供详细的指引。交互说明要涵盖页面的各种变化状态，通常会包含标号和说明两个部分。标号通常标记在页面里面，交互说明的序号会和标号一一对应起来。如果有页面跳转的说明，需要把跳转的页面用链接箭头链接起来。完整交互原型示意图，如图 5-45 所示。

图 5-45　完整交互原型示意图

5.2.4　可用性测试

当我们完成初步的页面原型设计的时候，一般会组织一次快速的可用性测试来验证设计方案的可行性。可用性测试就是邀请真实用户或潜在用户使用产品或设计原型，对其在使用过程中的行为进行观察、记录和访谈，进而了解用户对产品的要求和需要，并以此作为改进产品设计的出发点，提高产品的可用性。那么该怎样安排一次可用性测试呢？我们可以参考如图 5-46 所示的流程。

图 5-46　可用性测试节点示意图

1. 明确目标，即明确我们想通过本次可用性测试要得到什么结果。比如设计了多个方案，可以通过可用测试来看看哪个方案是最符合用户使用场景的；或者通过观察用户的使用过程，找出产品中存在的可用性问题点或给用户带来的惊喜点。

2. 创建任务，即结合目标来创建可用性测试的任务。在创建测试任务的时候，我们可以围绕整个产品的核心流程、常用功能、亮点功能等展开，如果某个流程太长我们可以适当地将之拆分开来进行。在设定任务时要客观、具体，尽量贴近用户的真实使用场景。在任务创建完以后，千万不要急着马上就组织测试，为了保证后续测试的顺利进行，我们可以提前进行预测试。预测试可以邀请同组的设计师来提前按照设定的任务走一遍，看看设计的任务是否有漏洞或者需要调整的地方，如果有则可以利用预测试的机会进一步优化测试任务，如果没有我们也提前熟悉了一遍流程。

3. 招募用户。招募用户的时候主要考虑 3 个方面的问题：招募多少个用户、找什么类型的用户、从哪里找用户。首先来思考第一个问题，用户的数量是越多越好吗？当然不是，根据 Nielsen 的研究表明，5 个左右的用户就能够发现 80% 的问题（见图 5-47），所以一般情况下招募 5 ~ 8 个用户就可以了；其次在考虑找什么类型用户的时候主要从两个方面来筛选：是否使用过该产品及使用程度、是否使用过相关竞品及使用程度，这样才能使我们筛选的用户更接近于目标用户；最后我们要通过哪些途径来找到这些符合条件的用户呢？最常用的方法是通过发动身边熟悉的同事和朋友来找到用户，这种做法的效率最高，尝试到论坛或一些兴趣群中招募也是可行的方式之一，在条件支持的情况下我们还可以准备一些小礼品给用户。

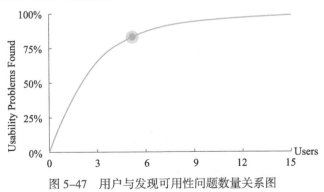

图 5-47　用户与发现可用性问题数量关系图

4. 开展测试。当一切准备就绪后，就可以开展用户测试了。测试地点、便利贴、投影仪、笔等硬件都要提前准备好，一般说来两名工作人员＋一名用户就可以构成一个测试小组，一名工作人员负责协助用户进行任务测试，另外一名工作人员负责观察并记录用户的相关行为和测试结果，需要注意的是工作人员不能扮演引导的角色，而要扮演启发的角色，另外我们最好不要直接问用户喜不喜欢而是通过记录用户的行为动作来判断他是否喜欢，因为语言经常会带有一些欺骗性的成分。比如说用户完成了一个任务，我们如果问他你觉得这个操作还顺利吗？大多数用户可能会直接回答说顺利，但其实在他的操作过程中遇到过几次卡顿的现象，那么这几次卡顿可能就是用户遇到问题的环节，只有通过对用户操作的观察才能发现这些行为动作背后的原因。

5. 数据分析。当用户测试完成之后，我们需要对每个任务和用户的完成情况做一个整理，这样才能形成真正的指导性文件。通常我会把任务结果分为 4 级：一是用户独立完成的，二是用户经过多次尝试后完成的，三是用户在工作人员的引导下完成的，四是任务失败。横向对比每个任务中每个用户的执行结果，就可以得到该任务的结果等级。如果某个任务的失败率超过了 80%，那么这个任务的方案基本就会存在较大的问题，我们就需要进一步地对用户的操作行为进行分析，找出导致失败发生的问题点。如果任务的结果处在中间的位置，那么就可以分析有哪些地方需要优化。

5.2.5　交互文档输出

当页面设计完成后，该以什么样的标准样式输出给其他参与人呢？什么样的输出形式能够让其他参与人更简单、准确地读懂我们的交互输出呢？这就需要一套相对标准的交互文档输出规范，在此讲一下怎样输出一套相对规范的交互文档。从另一个角度上讲，交互文档的输出并没有完全统一的标准，我们可以根据自己的产品、团队的习惯来设定一份属于自己团队的交互文档规范，包括使用的工具也可以根据团队的现状来选择。据了解 Axure 是目前职场中交互设计师最常用的输出软件，下面也以 Axure 作为基础工具来说明。

一份相对规范的交互文档通常包含以下几个部分：文档封面、更新日志、全局通用说明、设计背景、业务流程、信息结构图、页面原型、废纸篓。下面会详细介绍每一个部分的作用及需要注意的要点。

1. 文档封面一般位于交互文档的第一页，是协作者最先看到的页面，一个稍微正式的文档封面能够让交互文档看起来更正式，会让观者更能感受到仪式感。文档封面在交互文档中的角色有点类似于自我介绍，一般会包含产品名称、产品版本、制作时间、参与人员等基本元素。当然文档封面的设计并没有严格的要求，不需要设计得过于绚烂夺目，能够简洁地交代清楚关键信息就达到主要目的了。文档封面示意图，如图 5-48 所示。

图 5-48　文档封面示意图

2. 更新日志是交互文档的生命线，它记录了交互文档的每次修改变动，尤其是针对那些时间跨度比较长的项目来说，交互文档里面的更新日志更是必不可少的。更新日志通常利用表格的形式，按照变更时间从晚到早自上而下地排列。更细日志（见图 5-49）一般包括以下几个字段。

序号： 倒序排列，可以直观地展示出变更的次数，尤其在做工作统计时非常实用。

需求名称： 通常跟产品开发人员所描述的需求名称保持一致，方便与各个协作团队做需求对齐，假如产品开发人员用一个需求名称，设计人员又用一个不同的需求名称，那双方后续回顾的时候可能就对不上。

需求提出人： 方便后期追溯。

修改日期： 如果需要花几天的时间才能修改完成，一般会写开始修改的日期，当然也可以写完成修改的日期。

修改内容： 相对详细地记录了修改的地方或页面，如果有多条修改可以用数字标号，修改的类型可以概括为增、删、改三个类别，所以可以在每一条详情描述的前面加一个增、删、改的类型前缀，如果内容比较难找的话还可以给每条修改记录做一个页面链接。

修改人： 写清楚修改的设计师，方便后期追溯。

版本： 如果有确定的版本号应尽量写清楚。

备注： 用于填写一些补充说明的内容，可填可不填。

图 5-49　更新日志示意图

3. 全局通用说明包含文档图例、常用控件、复用页面三个部分，为交互文档的规范性和统一性做出一些明确的指引。

文档图例： 列举了一些交互说明中用到的符号或图标，在图例中统一说明，为后续在页面上的规范应用打下基础，通常包含了跳转图例、标签图例、流程图例、操作手势图例。具体文档图例示意图，如图 5-50 所示。

图 5-50　文档图例示意图

常用控件：汇总了一些页面设计中常用的控件，方便设计师在页面设计的过程中快速地拖曳使用，既能缩短绘制页面的时间，也能在一定程度上保证页面的统一性和规范性。常用控件可以去网上找一些开源的资源，也可以根据所做产品的属性建立一套自己产品特有的常用控件。常用控件示意图，如图 5-51 所示。

图 5-51　常用控件示意图

复用页面：可以理解为页面级的公共控件，其相对单一的控件来讲，页面更复杂，但完整性也更高。常见的复用页面有搜索相关页面、列表页、异常状态页等。采用复用页面的方式不但能够提高效率，而且还能在一定程度上避免出现相同功能页面不一样设计的状况。复用页面示意图，如图 5-52 所示。

图 5-52　复用页面示意图

4. 设计背景包含了需求分析、目标用户分析、竞品分析、市场概况、产品目标等层面的资料，这些资料虽然不能直接作为设计页面输出，但对于观者理解我们的设计方案有一定的作用。这些资料中有一些我们可以从产品经理那里得到，也可以通过设计师自己分析得到。如果放在设计周期中，设计背景模块的工作属于设计前期的工作，通过这些工作可以帮助设计师更好地找到设计的方向，设计背景模块能够为最终的设计方案提供有力的支撑。当然这个部分的内容不是交互文档的必选项，如果有时间的话可以去做，就算是去做的话也并不一定全部都要做，可以先选和设计方案关联比较紧密的模块去做。每个模块具体的做法可以参照本书前面章节的内容。设计背景内容示意，如图 5-53 所示。

图 5-53　设计背景内容示意图

5. 业务流程就是具体的业务流程图的合集。一般情况下并不需要把该产品的每个业务流程图都画出来，只需要画一些典型流程或者需要多方确认的流程，具体的流程图形式可以根据工作需要或流程的复杂性选择泳道图或用户流程图。也不一定在一开始的时候就把所有的业务流程图都画完，可以结合工作进度分阶段、分模块地进行。为了最大程度地提高查找效率，通常一个页面上只放一个页面流程图。业务流程效果示意图，如图 5-54 所示。

图 5-54　业务流程效果示意图

6. 信息结构图展示了该产品的完整的信息结构，帮助协作者建立对该产品相关功能模块及信息层级划分的全貌，同时也在一定程度上帮助设计师区分重点信息与非重点信息。通常来说只需要一张全 APP 的信息结构图就能够达到目的了，但在针对某些模块做深入研究的时候，也可以把该模块的信息结构图独立出来做更深层次的分析。信息结构图示意图，如图 5-55 所示。

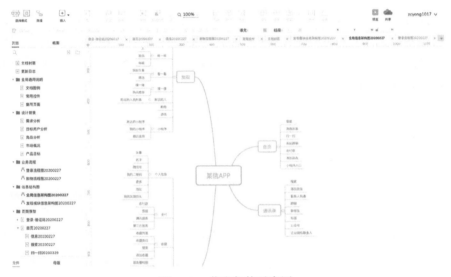

图 5-55　信息架构示意图

7. 页面原型指的是产品页面的交互稿，也可以叫低保真稿。首先在文档页面目录的划分上，通常会和信息结构保持一致，这样更方便查找，也更方便协作者理解多个产品页面或流程之间的层级关系。在同一个文档页面上通常就展示一个流程，避免把多个产品流程都放在一个文档页面里面，否则会造成单个文档页面上的内容过于复杂，反而增加了协作者的理解成本。在一个文档页面上，最好将产品页面用流程图串起来，这样能够增加协作者的理解效率；每个产品页面都需要有一个产品页面名称，格式为"字母 – 数字 – 页面名"，例如，A-01 登录页面，这样会避免页面命名的重复，也能够直观地展示一个流程中的产品页面数量，同时和别人沟通的时候也可以利用产品页面名称快速地定位到所沟通的页面。在页面上要呈现出页面交互的详细说明及相关多状态的展示，这样才能保证交互文档的完整性。另外由于页面的原型通常情况下并不是短时间能设计完的，为了更好地区分文档页面，通常会在文档页面名称的后面再加上该文档页面最后的修改日期。页面原型效果示意图，如图 5-56 所示（文档页面指的是 Axure 里面的一个大页面，产品页面指的是文档页面里面具体的界面原型）。

8. 废纸篓就是一些过程稿或被毙掉的方案都统一放在一个文件夹里面，里面的命

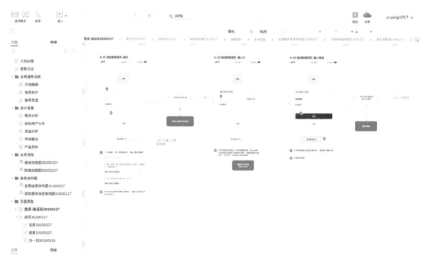

图 5-56　页面原型效果示意图

名规则和具体的设计样式跟正式的页面应尽量保持一致。毕竟实际工作场景中通常会遇到从废纸篓里面捞历史页面出来使用的场景，越接近正式页面，利用效率越高。废纸篓示意图，如图 5-57 所示。

图 5-57　废纸篓示意图

上面的内容讲了一个完整的交互文档包含的内容，但在实际工作的场景中，受到产品规模及时间资源的影响，往往并不需要设计师去输出一份完整的交互文档。这种场景下我们可以在完整版的交互文档目录中挑出一些基本的模块输出，常见的基本模块包括文档封面、更新日志、全局通用说明、业务流程、页面原型、废纸篓。

5.3 结语

单纯从表象上来说，交互设计就是解决信息框架、逻辑及顺序三个层面的事情，合理利用屏幕的横向及纵向的空间，把信息合理地分布到虚拟空间的每个层面中，交互设计师的空间信息想象能力特别重要，信息及用户习惯是在进行交互设计时必须关注的两个元素，信息是客观的，而用户习惯是主观的，达到客观与主观的一致性才是交互设计最好的状态。

另外，交互设计不是一成不变的，也会随着技术及用户习惯的进步而改变，作为设计师来说，时刻保持专业的敏感度是非常有必要的。

在日常生活中，我们经常使用的 APP 看起来都很简单，但你有没有真正地去思考一下它们底层的信息逻辑和框架呢？

或许在不久的将来，计算机可以自动读懂用户的想法，无须用户做出任何动作就已经能够帮用户完成了他想做的事情。虽然现在看起来这只是一种想象，但交互方式肯定是朝着更自然的方向在发展，可以肯定的是交互方式越自然，交互行为背后的技术与关联物件越复杂。作为设计师的我们，也要跟上技术的发展，或许在不久的将来用户图形界面也会消失在历史的长河中。

本章思维导图

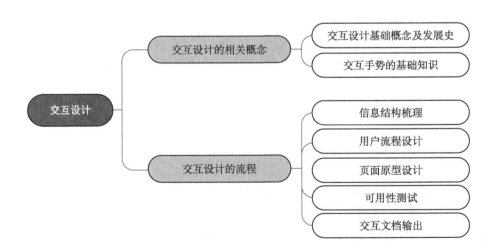

小思考

对于交互设计师来讲，页面的设计固然重要，但信息架构及页面底层的逻辑却更关键，因为表层的页面依赖于底层信息逻辑的支撑，在信息结构及底层逻辑没有规划好的情况下，页面的设计也会受到非常大的影响。

当我们在分析那些优秀产品的时候，一定不能停留在表面，而要深入地去想一下底层的信息结构，这样才算真正的分析。

参考资料

Apple 设计规范 https://developer.apple.com/design/

Material Design 设计规范 https://material.io/

IBM 设计规范 https://www.carbondesignsystem.com/

[美] 艾伦·库伯等 . About Face 4：交互设计精髓 [M] . 倪卫国，刘松涛，薛菲，等译 . 北京：电子工业出版社，2015.

[美]Jon Kolko. THOUGHTS 交互设计沉思录 [M] . 方舟译 . 北京：机械工业出版社，2012.

专业词表

组织结构： 是表明整体信息各部分排列顺序、从属关系、聚散状态、联系方式及各要素之间相互关系的一种模式，是整个管理系统的"框架"。

导航系统： 展示用户路径和方向的相关信息系统，可以帮助用户理解自己可以干什么、自己在哪、怎么去目的地最快速。

用户流程图： 从用户的视角上展现了用户使用产品的功能操作流程图，包含页面视图和用户操作内容。

拇指原则： 在用户单手操作的情况下，按照用户拇指操作的难易程度分为 Nature、Stretching、Hard 三个区域，用于指导界面设计时候的元素布局。

交互文档： 指的是交互设计师的标准输出物，一般包含交互原型页面、交互说明、逻辑跳转、信息结构图和核心功能流程图，对后续的 UI 设计和开发形成统一的指导。

06 视觉设计

本章概述 ···

本章主要讲解与 UI 设计相关的知识点，包括 UI 设计的发展历程、基础知识及常规设计流程。通过本章的学习你可以进一步了解 UI 设计的发展过程，掌握 UI 设计相关的基础概念和知识，并且能够对 UI 设计的流程有所了解。

本章目标 ···

1. 了解 UI 设计的历史发展脉络

2. 了解 UI 设计的相关基础元素和基础知识

3. 熟悉 UI 设计的常规流程及方法

4. 初步理解本章节的内容并且能够对工作形成初步指导

关 键 词 ···

色彩性格　　方案设计　　切图命名规范　　设计规范

6.1 视觉设计的基础知识

6.1.1 概念定义

UI 设计的全称是 User Interface Design，翻译过来就是用户界面设计，如果从这个概念来看，UI 设计是对信息进行整理、编辑并且可视化后给用户的过程，不仅包含了视觉设计的工作，还包含了交互设计（Interaction Design）——信息编辑的一些工作。但就目前通常所说的 UI 设计其实更多地偏向 GUI（Graphic User Interface Design，用户图形界面设计）的范畴。

在计算机诞生前，印刷品作为信息的主要载体，设计领域里也只有平面设计（Graphic Design）的概念。随着计算机的诞生及发展，屏幕开始成为主流的信息载体的形式之一，由于屏幕的可交互特性，用户界面（User Interface）的概念逐渐被普及。直到 20 世纪 90 年代互联网浪潮起来后，设计的类型更加多样化与细分化，UI 设计的职能逐渐分化成了更偏向流程与结构的交互设计 IxD（Interaction Design）和专注视觉表现的用户图形界面设计 GUI（Graphic User Interface Design）。UI 设计概念图，如图 6-1 所示。

图 6-1　UI 设计概念图

6.1.2 GUI 风格发展历程

1981 年"施乐之星"的 GUI 界面风格可以说是整个 GUI 体系发展的启蒙者。随着计算机系统集成技术的发展、屏幕技术的进步、社会形态及用户习惯的进化等，GUI 的风格也在逐渐演变，我们可以通过图 6-2 所展示的典型风格来做一个初步了解。

图 6-2　GUI 风格进化史（图片来源于网络）

1984 年苹果公司发布了 Mac OS1.0 系统的 GUI 样式，在风格上跟"施乐之星"基本保持一致。

1985 年微软公司发布的 Windows 1.0 中，具有了 32 像素 ×32 像素的图标和彩色图形，这也是微软第一个集成了 GUI 的操作系统。

1992 年是 GUI 发展进程中的一个重要年份，在这一年微软公司发布了 Windows 3.1，在系统中预装了 TrueType 字体，使 Windows 成为了桌面操作系统，其中还改进了配色方案，让 GUI 界面对一些色盲的用户更具友好性。

1995 年，微软公司发布了 Windows 95，设计团队对 GUI 进行了全新的设计，不仅为每个小窗口添加了关闭按钮，也为图标和其他图形提供了多种状态展示，开始按钮也第一次出现，这些都标志着 GUI 领域的一次重大进步，而在后续的几年里，Windows 的系统更新一直遵循着 Windows 95 版本的视觉风格。

2001 年是 GUI 实现跨越式发展的节点，微软公司发布了 Windows XP 系统，重新设计了 GUI 的界面样式，增加了支持用户自定义的功能，同时色彩也更加丰富，图标的视觉样式设计得更加拟物化，进一步贴近现实生活场景。

2007 年，微软推出了 Windows Vista 系统，对 GUI 风格增加了很多 3D 和动画效果，半透明风格也第一次被用在系统层面，但最终 Windows Vista 系统并没有取得太多用户的信任；同年，iPhone 第一代上市，第一代 iPhone 的 GUI 风格借鉴了桌面计算机的拟物化风格，但在精细程度上比桌面端的 Mac OS 和 Windows 更加精细，移动互联网的出现推动了拟物风格的 GUI 开始大规模出现在消费市场，也刺激了后续桌面端 GUI 风格的演变。而随后的几代 iOS 系统更新，都是在拟物化的大风格的基础上进行更加精细的优化。

2011 年，Mac OS 发布了名为 Lion 的 10.1 系统，在移动端拟物风格的 GUI 已经占领主流消费市场的背景下，Mac OS 借鉴了 iOS 的精细化拟物风格，全新设计了更接近 iOS 的 icon 和基础元素，并且针对一些跨终端的应用采用了和移动端类似的元素，进一步缩小了桌面端与移动端的差异性，这一设计语言极大地提高了苹果公司在计算机终端领域的竞争力。

2013 年，iOS 7.0 抛弃了以往的拟物化的视觉语言，开始推行更具视觉概括力的扁平化视觉风格。上一代的 iOS 6 可以看作是拟物化视觉的巅峰，而 iOS 7.0 则是扁平化视觉的开端。直到现在的 iOS 视觉风格都是基于扁平化的基础之上进行更加精细化的视觉优化。

2014 年，Mac OS10.10 版本被开发出来，苹果公司在桌面端也跟进了扁平化的视觉风格设计，这也是 Mac OS 自诞生以来第二次 GUI 层面的大更新。

2015 年，微软公司推出了 Windows10 系统，在扁平化趋势下对桌面端的 GUI 做出了重大更新，并且于 2017 年进一步推出了属于微软的设计语言体系——Fluent Design System，并开始在微软的相关产品中进行更新。

移动互联网时代，移动端 UI 的风格可以说是屏幕载体 GUI 行业的风向标，从拟物化到扁平化，再到现在基于扁平的深度化，这些演变也在一定程度上反映了用户习惯的进化。iOS 系统视觉风格演变图，如图 6-3 所示。

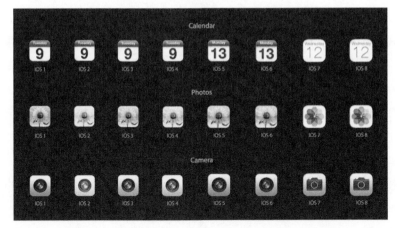

图 6-3　iOS 系统视觉风格演变图（图片来源于网络）

6.1.3　屏幕的相关基础概念

分辨率

分辨率可以理解为物理世界的面积，是一个度量概念。根据腾讯大数据研究院的数据，在 2019 年下半年的时间段内，Android 设备占比最高的分辨率是 1920*1080（注，这是一种简化表示，其真正为 1920px×1080px，以下类同），iOS 设备占比最高的分辨率是 2208*1242，但其实我们在做界面设计的时候一般会将 1334*750 分辨率作为基准尺寸。移动端屏幕分辨率市场分布，如图 6-4 所示。

像素（px）

像素，屏幕的一个度量单位，好比我们表示长度的厘米、毫米等。如果我们仔细观察身边的屏幕，可以发现屏幕是由一个一个点组成的（由于屏幕技术的发展，屏幕精度越来越高，肉眼可能会比较难发现了），在 1 倍屏的时代，这样一个点（pt）其实就显示了一个像素（px）。但随着屏幕技术的发展，高清屏越来越普及，通常情况下，图像的分辨率越高，所包含的像素就越多，图像会越清晰，所占用的文件存储空间也就越大。同时这里还有一个像素密度（PPI）的概念，像素密度表示沿着屏幕的对角线，每英寸（1 英寸 ≈ 2.54 厘米）所拥有的像素数目，PPI 值越高，像素密度越高，屏幕就越清晰，能够显示的分辨率也就越大。10*10 的像素方块，如果在 1 倍屏上是

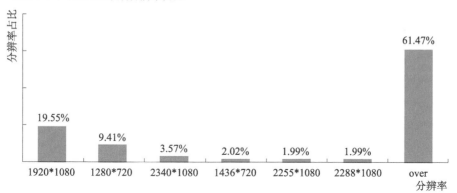

2019年下半年Android设备分辨率占比

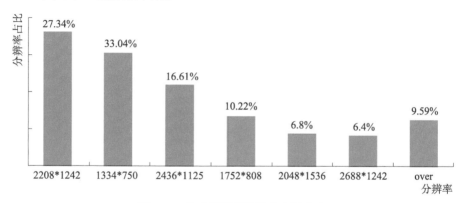

2019年下半年iOS设备分辨率占比

图 6-4　移动端屏幕分辨率市场分布

10pt*10pt，如果是在 2 倍屏上是 5pt*5pt；如果是 10pt*10pt 的方块，在 1 倍屏上需要 10px*10px 的图像才可以填满，但在 2 倍屏上则需要 20px*20px 的图像。px 与 pt 概念示意图，如图 6-5 所示。

图 6-5　px 与 pt 概念示意图

物理分辨率（Physic Pixel）

物理分辨率也叫标准分辨率，是指 LED 显示屏显示的图像原始分辨率，也叫真实分辨率，单位是 px；逻辑分辨率（Logic Point）是指软件支持的分辨率，是在开发工作中换算出来的一个概念，是虚拟的，单位是 pt。物理分辨率与逻辑分辨率通过缩放因子（Scale Factor）进行换算，比如说 iPhone 3GS 的屏幕上，物理分辨率是320px*480px，1pt 容纳 1px，但到了 iPhone 4 的时候，采用了 Retina 屏幕，物理分辨率达到了 720px*960px，1pt 需要容纳 4px 才能将显示区域铺满整个屏幕，如果还是按照 1pt 只容纳 1px 的逻辑显示，那么显示区域只会占到屏幕的 1/4 的面积。

物理分辨率是屏幕固有的，逻辑分辨率是由算法计算得到的，而物理分辨率是设计师经常用到的，逻辑分辨率则是开发中用到的概念。物理分辨率 = 逻辑分辨率 × 缩放因子。常规屏幕尺寸示意图，如图 6-6 所示。

设备 iPhone	宽 Width	高 Height	对角线 Diagonal	逻辑分辨率 Point	缩放因子 Scale factor	物理分辨率 Pixel	像素宽度 PPI
3GS	2.4 inches 62.1 mm	4.5 inches 115.5 mm	3.5-inch	320*480	@1x	320*480	163
4/4s	2.31 inches 58.6 mm	4.5 inches 115.2 mm	3.5-inch	320*480	@2x	640*960	326
5/5s/se	2.31 inches 58.6 mm	4.87 inches 123.8 mm	4-inch	320*568	@2x	640*1136	326
6/7/8	2.64 inches 67.1 mm	5.44 inches 138.3 mm	4.7-inch	375*667	@2x	750*1334	326
6P/7P/8P	3.07 inches 77.9 mm	6.23 inches 158.2 mm	5.5-inch	414*736	@3x	1242*2208 (1080&1920)	401
X/Xs	2.79 inches 70.9 mm	5.85 inches 143.6 mm	5.8-inch	375*812	@3x	1125*2436	458
XR	2.98 inches 75.7 mm	5.94 inches 150.9 mm	6.1-inch	414*896	@2x	828*1792	326
Xs Max	3.05 inches 77.4 mm	6.20 inches 157.5 mm	6.5-inch	414*896	@3x	1242*2688	458

图 6-6　常规屏幕尺寸示意图

6.1.4　色彩

基本色彩模式

色彩的构成有两种基本的混合模式——RGB 和 CMYK。RGB 是依赖于屏幕发光显示的色彩模式，在黑暗的屋子里，我们也能看到屏幕上的色彩。RGB 又称为"色光三原色"，R（red）红、G（green）绿、B（blue）蓝，RGB 的颜色阶调为 0~255，由于 RGB 是色光，所以在颜色叠加上越加越亮，所以又称为"加色法"。当三个颜色的数值均为 255，就会出现白色，反之 RGB 三个颜色的数值都是 0，也就变成黑色。CMYK 称为印刷色彩，是一种依靠反光的色彩模式，比如说我们能看到书上的内容是因为外部光源投射到书上，再把内容反射到我们的眼中。只要是在印刷品上看到的图像，就是 CMYK 模式表现的。CMY 是 3 种印刷油墨名称的首字母：青色 Cyan、品红色 Magenta、黄色 Yellow。而 K 取的是 Black 最后一个字母，为了避免与蓝色混淆而用 K。从理论上讲，只需要 CMY 三种油墨就足够了，把 CMY 加在一起就应该得到黑色。但是高纯度的油墨暂时还不能实现，CMY 相加的结果是暗红色。因此，为了确保黑色的输出，还需要加入一种专门的黑墨来调和。通过配图我们可以看出，RGB 模式和 CMYK 模式刚好是一种相反的构成方式，在 RGB 模式下，R+G=Y，在 CMYK 的模式下，C+Y=G。CMYK 模式与 RGB 模式示意图，如图 6-7 所示。

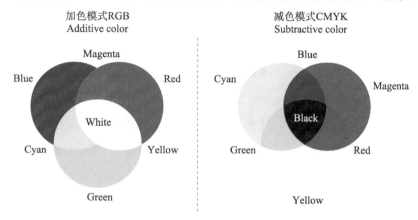

图 6-7　CMYK 模式与 RGB 模式示意图

其他色彩模式

相对于 RGB 和 CMYK 是基于设备的颜色模型，Lab 模式是一种生理特征的颜色模型，也是最接近大自然色彩的颜色模型，Lab 模式的色域大于 RGB 和 CMYK。Lab 是由一个亮度通道（channel）和两个颜色通道组成的。在 Lab 颜色空间中，每个颜色用 L、a、b 三个数字表示，各个分量的含义是这样的：L 代表明度，取值 0~100，a 代表从绿色到红色的分量，取值 –128~127，b 代表从蓝色到黄色的分量，取值 –128~127。Lab 模式符合了灵长类动物的视觉构造，灵长类动物视觉都有两条通道：红绿通道和蓝黄通道，而其他动物视觉基本都是一条通道，人的视觉有两条通道，如果人的视觉缺失其中一条，就是我们所说的色盲。Lab 色彩模式示意图，如图 6-8 所示。

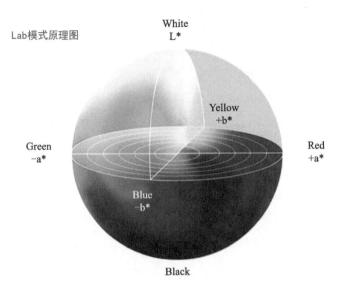

图 6-8　Lab 色彩模式示意图（图片来源于网络）

HSB 模式即色相（Hue）、饱和度（Saturation）、明度（Brightness）模式。色相是色彩的样貌，通俗地说就是我们常说的红、橙、黄、绿、青、蓝、紫等，一般使用 0 度到 360 度的从红色到洋红色的色环展示；饱和度指的是色光的纯度，可以理解为颜色中色彩含量的高低，一般用百分比表示，0% 表示最低，100% 表示最高；明度指的是颜色中混合了多少白色或黑色，用百分数表示，0% 表示最暗，100% 表示最亮。HSB 色彩模式示意图，如图 6-9 所示。

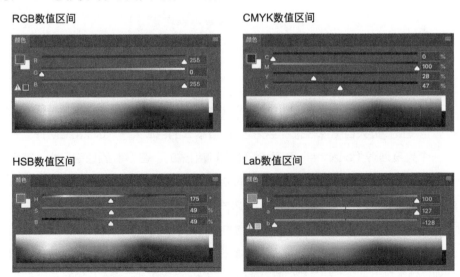

图 6-9　HSB 色彩模式示意图

色彩的性格

色彩是最容易引起人们感官注意的一种元素，每种色相都有不同的性格。我们可以把色彩大概分为暖色系、冷色系和中性色。暖色系以红、黄、橙为代表，给人温暖、活力、奔放的感觉，冷色系以蓝、青为代表，给人理性、纯洁、冷静的感觉，中性色一般指黑白灰和金银色，这类色彩没有明显的性格属性。自然色彩示意图，如图 6-10 所示。

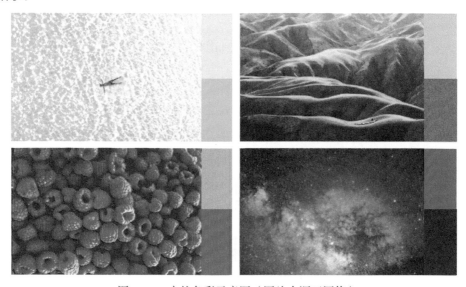

图 6-10　自然色彩示意图（图片来源于网络）

在色彩学方面，大自然是我们最好的老师，色彩的形成本质上是对自然万物的抽象，不同的色彩在一定程度上反映了其背后客观事物的性格。比如说绿色是草地的颜色，所以，绿色会带给人生机勃勃的感觉，充满了希望。除了自然，文化因素也是影响色彩性格倾向的重要因素。例如在华人地区让你说出一种代表喜庆的颜色，你会毫不犹豫地想到红色。同时，一种颜色的属性不是唯一的，由于应用场景的不同，也代表了寓意的不同。就拿白色来说，如果是在婚礼上，我们会更多地联想到爱情、纯洁、天长地久等；但如果是在葬礼上，白色更多地代表着哀悼、怀念及逝去。同样地，地域文化也会对颜色的含义有着直接的影响，如果你对金融知识有一些了解，你就会清楚地知道红色和绿色所代表的寓意，在中国，红色代表了上涨，绿色代表了下跌，但是如果在美国的话则刚好相反，红色代表了下跌，绿色代表了上涨。所以，了解一些国家和地区的文化及一些禁忌色彩，对于做跨区域产品的同学来讲非常有必要。典型色相性格关键词，如图 6-11 所示。

灰色：正式、冷静、中性…   绿色：生命、自然、成功…

白色：纯洁、干净、健康…   青色：青春、科技、干净…

黑色：严肃、庄重、酷…   蓝色：理性、深邃、广阔…

金色：高档、品质、尊贵…   紫色：浪漫、高贵、神秘…

红色：危险、积极、重要…   粉色：甜蜜、少女、呵护…

橙色：活力、乐观、年轻…   棕色：稳定、保守、结实…

黄色：活泼、快乐、轻松…

图 6-11　典型色相性格关键词

色彩搭配

色彩搭配就像是做化学实验，每种单一的色彩具备各自的性格，多种色彩一起搭配使用，能够产生更多不一样的性格，从而表达在实际场景中的更细腻的情绪。虽然色彩的搭配并没有严格的定律，但也有一些既有规律可以给我们提供一些参考。我们参照 24 色环做参考说明，根据不同的跨度大概分为类似色、邻近色、中差色、对比色、互补色。色环示意图，如图 6-12 所示。

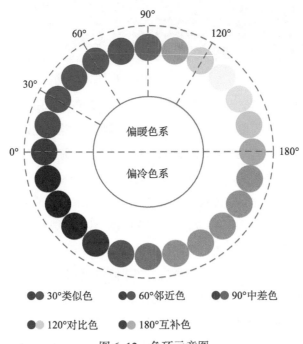

图 6-12　色环示意图

一般情况来讲，对比色和互补色的色相对比差距大，会营造一种冲突的氛围，形成强烈的对比；邻近色和中差色的搭配使用会让视觉显得丰富并且和谐；类似色的搭配组合应用会让人感到更加纯粹、专注。当然，这个搭配规则并不是绝对的，而且色彩搭配最终情绪的呈现还会受到色彩面积、位置、形状、明度、饱和度等因素的影响，一定要根据实际的场景和效果去做搭配。在色彩搭配中，对颜色的敏感和熟练度非常重要。说到色彩搭配，我们经常听别人说"色感"这个词，色感好的人可以轻松地搭配出有感染力的色彩组合，那么提高色感有没有比较好的方法呢？在这里分享一个方法给你做参考。

提高色感的练习技巧

第一是学会色彩借鉴。具备典型风格的艺术大师的作品、典型氛围的摄影图片、别人优秀的作品等都可以成为我们的借鉴出处；第二是学会色彩整理。整理分两部分，一部分是对原有借鉴素材的整理，以色彩性格为标签，把它们都分类整理好，方便后续查找应用；另一部分是把抽象出来的色彩组合整理好，方便下次直接调用，可以在软件中添加自定义色板，可以输出成文件；第三是加强练习，如果不能一次性地搭配到自己满意的程度，那么多调整几个搭配方案来对比验证，平时自己也可以多进行搭配练习。名画色彩提取示意图，如图 6-13 所示。

莫奈《日出·印象》　梵高《星空》

蒙克《呐喊》

图 6-13　名画色彩提取示意图

色彩的无障碍设计

在色彩的搭配使用中，尤其是以屏幕为媒介的设计中，我们必须要考虑无障碍色彩搭配理念，尤其是那些面对公众的用户量比较大的产品。至于为什么要这么考虑，我们来看一组背景数据：约有 4% 的人口视力低下，约 0.6% 的人视盲。这些用户可能需要借助屏幕阅读器 / 盲文阅读器的帮助；7%~12% 的男性有不同形式的色觉缺陷（如色盲），而存在色觉缺陷的女性占比则不到 1%。他们难以区分某些特定颜色组合；低视力状况随着年龄的增长而增加，50 岁以上的一半人有一定程度的低视力状况；全球低视力状况增长最快的人群是 60 岁以上的人；过了 40 岁，大多数人都需要戴老花镜，才能清楚地看到小物体或文字。在 WCAG2.1（Web Content Accessibility Guideline，Web 内容无障碍指南 https://www.w3.org/TR/WCAG/#contrast-minimum）的说明中，把对比度分为了 A（lowest）、AA、AAA（highest）级别，色彩的选择属于易于感知的设计范畴，对比度应该至少达到 AA 级标准，这样，文字和图像才能够比较轻易地被识别出来。AA 级要求文本及图像与背景的对比度不低于 4.5:1，AAA 级要求对比度不低于 7:1。只有这样，文本和图像才能轻易地被识别出来。关于对比度数值的测试可以借助 WebAIM 这个网站（https://webaim.org/resources/contrastchecker/）来进行，输入颜色数值就可以快速地计算出对比度。色彩对比度测试示意图，如图 6-14 所示。

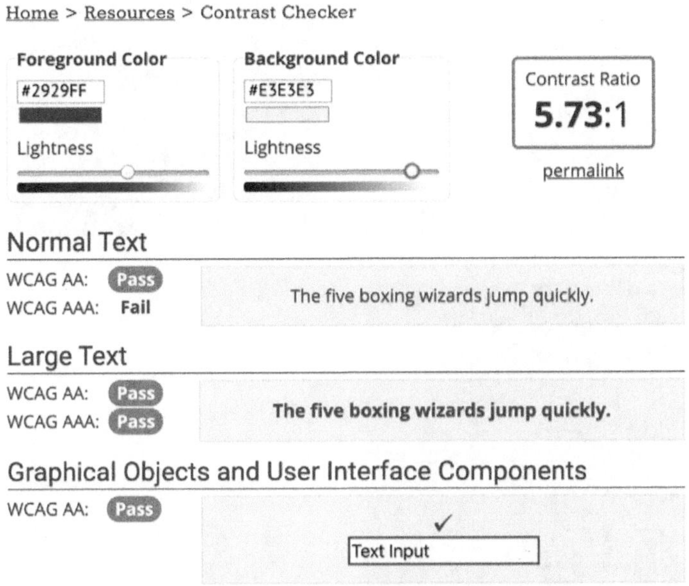

图 6-14　色彩对比度测试示意图

6.1.5 字体

字体样式

中文字体分为宋体、黑体、圆体、楷体、隶书、草书，西文字体分为衬线体、无衬线体、花体三大类。字体家族大类示意类，如图 6-15 所示。

中文字体

黑体字形示意

宋体字形示意

楷体字形示意

圆体字形示意

隶书字形示意

草书字形示意

英文字体

无衬线体示意

Good Design

衬线体示意

Good Design

花体风格示意

图 6-15 字体家族大类示意图

不同的字体家族有着不同的性格特征，分别适用不同的内容场景，英文中的无衬线字体、中文中的黑体的笔画、结构都比较平均，会让人感到稳重，英文中的衬线体、中文中的宋体的细节更为丰富，充满了装饰的味道，让人感觉更加细致、时尚，英文中的花体、中文中的楷体、隶书和草书，更大程度上是直接在以前手写的样式上演变而来的，会让人感受到文化的气息。

字重

除了字体样式，设计师还需要了解字重这个概念。字重的英文是 Weight，简称为 W，是指相对于字体高度的笔画粗细程度，字重可以通俗地理解为字体的视觉分量，比如说越粗的字体感觉分量越重，越细的字体视觉分量越轻。不同字重的字体分量感是不同的，那么当字体承载内容的时候也就可以用来区分内容的层级，比如说粗体一般可用于标题或者内文中需要强调的部分，常规字重或细体适合用于大篇幅的正文。国际标准 ISO 规定了字重的 9 种级别，由细到粗依次是 Ultralight（特细）、Extralight（非常细）、light（细）、Regular（标准）、Medium（适中）、Demibold（次粗）、Bold（粗）、Extrabold（特粗）、Black（浓粗），有时候也会用 W1、W2、……、W9 来区别。由于该字重的国际标准并不是强制执行的，所以很多厂商也会用 L、R、M 等英文代号标示，而且也并不是每种字体都会开发出 9 种字重，比如常用的思源黑体就只有 7 个级别的字重，大多数中文字体甚至只有 5 个或 3 个级别。字重示意图，如图 6-16 所示。

图 6-16　字重示意图

字体等级

字体样式的演变与社会的发展息息相关，拿中文字体来说，隶书和草书的发展更多的是因为以前的书写工具是毛笔，等活字印刷术发明之后，宋体字也就因此而诞生了；到了近代，随着现代印刷术传入东方，中文字体吸收了西方无衬线体的形式，黑体由此诞生，刚开始主要应用于标题或者户外宣传，后来随着字体技术的发展也逐渐成为了正文字体；到了现在的屏幕时代，其实各平台也都基于屏幕的显示特性对各自的专用字体做了优化，并且就字体在系统中的应用给出了详细的规范指引。比如说应用在 iOS 平台的 San Francisco（SF）就进行了针对性的优化，确保字体在屏幕上的可读性、清晰度及一致性。针对不同的信息等级，iOS 的规范里把字体样式共分为 11 个等级，并且根据不同的使用习惯（用户可自己调节适合自己字体大小）进一步细分为 7 大类，图 6-17 中我们以常规场景为例展示了 11 个等级的区别。

| xSmall | Small | **Medium** | Large (Default) | xLarge | xxLarge | xxxLarge |

Medium

Style	Weight	Size (Points)	Leading (Points)	Tracking (1/1000em)
Large Title	Regular	33	40	+11
Title 1	Regular	27	33	+13
Title 2	Regular	21	26	+17
Title 3	Regular	19	24	-26
Headline	Semi-Bold	16	21	-20
Body	Regular	16	21	-20
Callout	Regular	15	20	-16
Subhead	Regular	14	19	-11
Footnote	Regular	12	16	0
Caption 1	Regular	11	13	+6
Caption 2	Regular	11	13	+6

Not all apps express tracking values as 1/1000em. Point size based on image resolution of 144ppi for @2x and 216ppi for @3x designs.

图 6-17　iOS 字体层级示意图

Material Design 的规范里默认的字体家族是 Roboto，在 Material Design 关于字体样式的规范中一共区分了 13 个等级，供设计师在设计的时候灵活选用。Material

字体层级示意图，如图 6-18 所示。

Scale Category	Typeface	Font	Size	Case	Letter spacing
H1	Roboto	Light	96	Sentence	-1.5
H2	Roboto	Light	60	Sentence	-0.5
H3	Roboto	Regular	48	Sentence	0
H4	Roboto	Regular	34	Sentence	0.25
H5	Roboto	Regular	24	Sentence	0
H6	Roboto	Medium	20	Sentence	0.15
Subtitle 1	Roboto	Regular	16	Sentence	0.15
Subtitle 2	Roboto	Medium	14	Sentence	0.1
Body 1	Roboto	Regular	16	Sentence	0.5
Body 2	Roboto	Regular	14	Sentence	0.25
BUTTON	Roboto	Medium	14	All caps	1.25
Caption	Roboto	Regular	12	Sentence	0.4
OVERLINE	Roboto	Regular	10	All caps	1.5

图 6-18　Material 字体层级示意图

6.1.6　布局

　　屏幕的可用空间就真的只有眼前看到的巴掌大小吗？其实结合交互手势的运用，屏幕就变成了一个无限大的画布，我们在思考布局的时候要充分考虑到横向、竖向及纵深（弹窗）的可延伸空间（或者叫虚拟屏幕）。另外由于移动端设备的高频交互属性，除了信息的可视性，还需要考虑到手指操作的便利性。拇指热区与虚拟屏幕空间示意图，如图 6-19 所示。

　　布局排版的两个大原则就是信息模块化、次序化。模块化是通过寻找共性，把相同共性的信息整合在一起，共性的角度可以是信息属性、使用场景、载体属性等；次序化就是把整理好的模块按照一定的次序要求，通过上下左右及前后的顺序排列，共

拇指热区示意　　　　　　　　　　　　虚拟屏幕空间

右手单手　　　　　左手单手

纵向　　　横向

竖向

图 6-19　拇指热区与虚拟屏幕空间示意图

同组合成一个相对完整的页面，这个次序标准可以是用户使用流程、业务信息的完整、信息的必要性程度等。我们以购物类 APP 的商品详情页为例来体验一下信息的次序化，常规来说商品详情页会依次告诉用户三个层面的内容，第一层为商品关键信息，让用户对商品信息形成大概印象；第二层信息为利诱决策信息，刺激用户做出购买决定；第三层为辅助决策信息，帮助用户进行一些商品细节信息的补充，强化用户的购买决策；而购买的行动 Button 始终悬停在底部，方便用户随时做出购买动作。例如，网易严选 APP 商品详情页，如图 6-20 所示。

第1层信息：
商品关键信息，包含了商品图片、商品名称、价格、优惠、核心卖点

第2层信息：
利诱决策信息，包含了优惠券、购物积分、平台的其他利益点、用户评价等

第3层信息：
辅助决策信息，包含了商品参数、更多卖点、使用场景等详情

图 6-20　网易严选 APP 商品详情页

栅格系统

说到排版与布局，我们常会听到栅格系统。栅格系统是发源于纸质排版时期的一个排版方式，在网页时期也被延续使用，移动端的布局也会遵循栅格系统。我们介绍移动端常见的几种布局方式，通过这些布局方式你就会发现隐藏在其背后的栅格系统。常见布局栅格示意图，如图 6-21 所示。

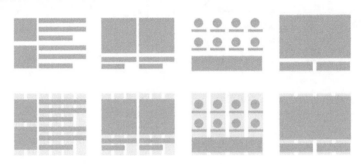

图 6-21　常见布局栅格示意图

6.1.7　icon

icon 和图形、图像、文字、肢体动作一样，都是承载信息的一种载体。相对其他载体，图标可以概括、高效、普适性地传达一些约定俗成的简单的词组信息，比如说洗手间、电梯、注意危险等。文字的发展就是由象形转化而来的，而 icon 的诞生又回到了象形表意的逻辑，在某些特殊的场景下，图标对信息的传递要比文字高效很多，比如说在导视系统页面、信息比较琐碎的应用页面。icon 的存在让信息的传递更加立体高效，在 APP 中，常见的 icon 可以单独应用，在 icon 表意可能会引起分歧的情况下，icon 也会和文字搭配使用。

风格

通常来说，icon 可以简单地分为拟物化与扁平化两大类。这两大类别也说明了icon 流行风格的两个阶段。从计算机诞生之初，icon 就开始秉承着拟物化的风格，这种发展趋势也符合了人类的认知习惯，当我们突然把具象的东西搬到屏幕上的时候，拟物化是最能够直接引发联想的手法。而扁平化风格的流行是在 iOS7.0 推出以后。其实扁平化风格的推出也是一种必然现象，由于技术的发展，屏幕上承载的信息越来越多，用户的视觉负担在逐渐加重，人们需要更加轻松、高效的信息获取方式，而且从技术层面来讲，内容也需要更加高效地做到多端同步，再加上用户对于屏幕上内容的认知习惯已经形成，寻找一种更加简单、抽象的视觉语言就显得非常必要，再加上iOS7.0 的推出，扁平化也就顺势地在屏幕上流行开来。iOS 视觉风格演变路径，如图6-22 所示。

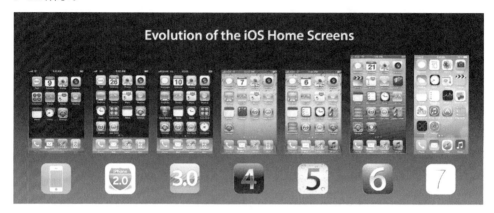

图 6-22 iOS 视觉风格演变路径（图片来源于网络）

设计准则

关于 icon 的设计，表意准确与风格统一这两个原则必不可少。表意准确的关键点在于基于客观事实的提炼与正确的应用场景。设计的图形越接近物体在客观世界中的存在形态，越能够轻易地建立虚拟的图像与客观存在的联系，只有建立了这种联系，信息的获取才算完成了一个闭环。表意风格案例，如图 6-23 所示，虽然 icon 的样式不同，但我们都可以轻易地识别出来分别是日历、计算器、天气的 icon，原因就是遵循了表意设计的原则。

图 6-23 表意风格案例

风格统一的视觉设计能够降低用户的认知成本，减少不必要信息对用户的干扰，提高信息传播的效率与准确度。比如图 6-24 中的这套 Google 产品的系列 icon，虽然它们在造型上的统一感不是很明显，但它们的色彩体系却都在 Google 的品牌色彩体系之内，通过色彩的运用来塑造了关联性。

图 6-24　Google icon 案例

再比如如图 6-25 所示的这套儿童诊所的 icon 设计，为了使 icon 在具备识别性的同时增添一些亲切的属性，它的设计采用了相对简洁的线性风格，在整体上保证了线条粗细的统一，并且通过圆角的处理方式强调风格化，仅仅通过造型的手段就达到了风格统一的要求。

图 6-25　线性 icon 案例——儿童诊所 icon 设计

6.2　视觉设计的流程

经过了前面的用户研究、需求分析与交互设计阶段，到了视觉设计的环节，一般来说需求基本上会相对具象了，具体的功能点与策略基本可以用具体的文档和页面来呈现了。视觉设计师要把这些需求转换成视觉设计需求，并从视觉设计的角度对需求做进一步的解读与沟通。这个时候面对面的沟通是最有效的，沟通要点会涵盖核心功能、是否有明确的风格倾向、时间周期……视觉设计的流程图，如图 6-26 所示。

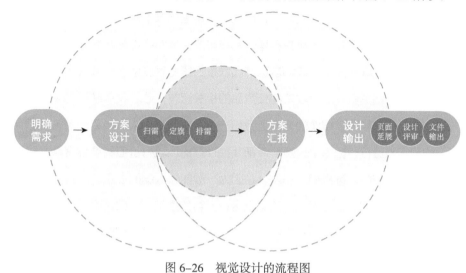

图 6-26　视觉设计的流程图

6.2.1　方案设计

在方案设计阶段，我们要把自己的角色定位成一个工兵，设计就像是一个扫雷的过程，整个过程大概分为 3 个大阶段，分别是扫雷（创意发散）——定旗（确定方向）——排雷（风格设计），整个过程的完成会极大地考验设计师的信息搜集、整合分析、判断、快速执行等方面的能力。在这 3 个阶段中，每个阶段都有各自的侧重点，在执行的过程中需要做好对侧重点的把握，避免事倍功半现象的出现。

扫雷（创意发散）

好的设计方案的本质就是一个多中选优，量变引起质变的过程。所以在第一个扫雷阶段，我们的侧重点是尽可能地全覆盖，根据需求阶段明确的人群、竞品、行业、意向风格等基点，结合紧密程度由内到外地逐步分层扩散去搜集资料，在有限的时间内做到全覆盖、多可能性。基于人群，我们要去搜集这类人群的比较有共性的消费习惯、生活习惯、喜爱的品牌、爱去的地方、爱用的 APP，等等，通过这些资料去丰富自己对目标人群的消费喜好及视觉习惯的敏感度与具象度，这样，才具备了和这类人群用视觉去沟通的一个基础。通常在一些第三方咨询公司（艾瑞咨询、埃森哲、麦肯锡等）发布的报告中可以获取到这些偏共性的资料。另外，在搜集资料的时候要准备一支笔和几张白纸，这样有想法产生，可以随时用笔记录下来，避免后面被遗忘，哪怕这个想法只是一点火花。资料并不是胡乱搜集的，需要考虑与产品的关联程度和资料来源范围。在关联程度上按照和自己产品联系的紧密程度依次扩散搜集，比如说先搜集直接竞品的相关资料，再收集间接竞品的相关资料，最后收集联系比较弱但具备参考意义的其他资料；在搜集的范围上我们一般会按照从个人资料库、相关书籍、相关网站的顺序来进行，因为个人资料库都是整理好的比较有价值的参考资料，能够快速地提取所需的资料。选择相关书籍，是因为一般能够入编的书籍的内容都是相对比较正确或者有价值的，最后到相关网站上进行资料的搜集，时效性强、类型全面这是网站资料的优点，但质量参差不齐会在一定能程度上增加了我们的筛选成本。资料搜集示意图，如图 6-27 所示。

图 6-27　资料搜集示意图

定旗（确定方向）

把扫雷阶段搜集到的资料进行消化整理，把有用的提取出来，没用的则剔除，让资料真正地为我所用。在这个阶段我们要尽量使方向多可能性、具象化，不再是一段话或者是几个关键词，而是需要用视觉＋文字的方式更加立体地呈现我们的方向，争取做到设计师根据眼前的资料和描述可以大概预想到该方案执行出来的大概效果，并且可以就这些视觉资料展开论证。通常会把这个阶段分为两个步骤去做。首先在计算机上把资料按照一定的逻辑进行分类整理，有参考意义的单独拿出来并放到一个文件夹里面。分类的逻辑可以是竞品类别、概念方向、视觉风格、可能性方向，等等。然后把有启发性的资料都打印出来，按照分类贴在墙上，形成"资料墙"，如图 6-28 所示。

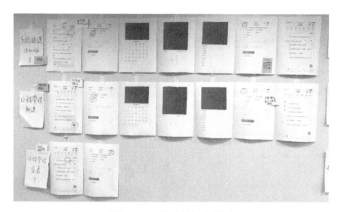

图 6–28　资料墙示意图

　　这种资料墙的形式可以把信息都平铺在一个平面上，方便设计师直观地进行各类资料的分析与比对，如果是多个设计师协作的话讨论起来也很方便，资料墙的存在会极大地提高在这个阶段所进行的思考与沟通的效率，条件满足的话一定要搞起来。资料墙当然不是一成不变的，我们会根据思考的进度对资料进行移动、增加或删减，在意向方案确定时资料墙上会有每个意向方案的编号、关键词及视觉参考资料，并且同一个意向方案的资料是集中在同一区域的，避免不同方案资料分得太散。当你能够清晰想象得到每个意向方案执行出来的大概效果的时候，这个阶段就可以结束了从而进入下一个阶段。如果客观条件不能满足做资料墙的话，也可以用幻灯片的方式把每个意向方案进行梳理，目的就是让自己能够清晰、具象地感知到意向方案，避免在思路不清晰的条件下盲目地进行方案执行，降低设计的效率。

排雷（风格设计）

　　由于在上一个阶段中已经有了比较具象的想象和视觉化的参考资料，所以这个阶段的侧重点就是快速执行，用最小的成本做出比较真实的视觉效果，并进行方案的验证与比对。在这个阶段，我们并不需要把全部页面都做出来，而是选择关键流程的代表性页面进行设计，通过这些页面可以让用户直观地感受到设计风格与方向。在风格设计阶段，我们通常会遇到意向方案走不通或者执行出来跟想象的差别很大的情况，这些都没关系，因为这个阶段的目的就是快速验证方案的可行性。例如，如图 6-29 所示，同样都是购物类的 APP，仅仅通过商品首页、商品列表页、商品详情页三个页面的对比，你就可以明显地感受到毒和天猫在设计风格上的差异化。毒的主要用户是一些追求潮流的年轻人，平台上的商品更加偏重一些潮流的商品，所以设计风格会非常简约时尚，运用了大量的留白，更加突出商品的吸引力；而天猫的用户更加大众化，商品也更加丰富，所以天猫在设计上会更加丰满一些，单商品的信息纬度也更丰富，满足多种用户群体的多样化需求。

图 6-29　风格示意对比图

案例展示

为了方便大家更好地理解在视觉方案设计中的一些细节，这里结合一个实际案例来演示一个 APP 界面从无到有的过程。这是一个关于社交电商类 APP 的界面设计，设计的时间大概是在 2017 年上半年时候，那个时期传统电商的市场增长已经趋于饱和，市场需要新模式来促进增长，社交电商作为一种新模式开始出现。其主要用户群体为有一定的经济基础并且想通过空余时间来获得一份收入的人群。这类人的行为特点是对品质有自己的要求，每天的网络生活时间长，爱社交分享。市场上主流的电商平台还都在强调方便、快捷和正品。比如京东的多快好省，淘宝的淘我喜欢。结合这些历史背景，公司决定依靠现有的丰富的知名品牌货源及价格优势，进军社交电商产品。而产品的关键词定位在了品质、开朗、精选。当关键词锁定之后，该怎样让用户也能准确地感受到这些关键词呢？我们需要利用品牌、产品等所有用户能接触到的媒介来综合影响用户。在这里讲一下我们是怎样围绕这些关键词来进行产品设计的。

　　第一步是统一相关人员（包含设计师、产品经理、运营人员、决策层）对 APP 关键词的具象视觉认知。举例来说，同样是精选，不同的人的视觉感受就是不一样的，所以我们需要用具象图片的方式统一大家对每个关键词的具象认知。在这个环节我们用到的工具是情绪板。情绪板就是通过具象图片的方式来对关键词进行描述，并且建立参与者对于同一种情绪的标准认知。在情绪板建立的过程中尽量让用户一起参与进来，可以采用线下访谈或线上问卷的方式。我们采用的方法是线上问卷，每个关键词事先选取了 10 张左右的图片，然后做成问卷的方式让用户选出他认为的能够表达该关键词的图片。针对 APP 属性，我们把图片的类型限定在了商品、色彩、生活场景、摄影等几个主题领域。线上问卷调研结果出来后，我们把投票率在 80% 以上的图片集合起来放在一起，初步形成了此次设计的情绪板。初稿情绪板，如图 6-30 所示。

图 6-30　初稿情绪板示意图

　　第二步就是结合情绪板开始进行 APP 的界面设计（当然这个时候一些核心页面交互原型已经基本确定了）。在实际的工作场景中，不同的设计师有不同的工作习惯，有些对视觉元素把控能力非常强的设计师可能会直接从全页面的视角来进行设计，但对一些经验不足的设计师，如果一下子就从全页面的角度来进行视觉设计，反而有可能会造成一些困扰。这种情况下可以采用拆解零件的方式来进行设计，即把能够明显影响风格的典型模块先拆解出来分别设计，然后再把典型模块组装成页面后进行微调。以我们要做的社交电商类 APP 为例，初步拆解出来的典型模块就包含了商品列表、活动 Banner、分类 icon 三大类。

　　第三步就是典型模块的视觉设计。具体典型模块的设计方案对比效果，如图 6-31 所示。

图 6-31　具体典型模块的设计方案对比效果

　　先来看一下商品列表的设计，商品列表存在的价值就是帮助用户建立对商品的简要认知来辅助用户决策是否要进一步详细了解商品，通俗地说就是利用第一印象来引起用户的兴趣。一个商品的信息包含了商品图片、商品名称、价格、佣金、卖点、库存、产地、促销信息、详情介绍……那么挑选哪几个信息放在商品列表里才最能够引起用户的兴趣同时不会让商品列表的信息太复杂？通过大家的讨论，我们初步选定了 5 类信息：商品图片、商品名称、分享卖点、价格和佣金、行动按钮。商品图片和商品名称能够快速地建立用户对商品的认知，分享卖点可以为用户在分享商品的时候提供引导思路，价格和佣金则会直接刺激用户是否会分享，行动按钮可以给用户的行动提供快捷入口。当这些元素确定了之后，就可以开始进行设计，把这些元素形成一个整体的设计。在商品图片的选择上，最终选择了白底的商品风格，拍摄商品的角度则优先选择平视的角度，这样在一定程度上能够减少视觉的错乱；从刺激分享商品的这个点来讲，用户对佣金的关注会大大超过价格，所以在视觉分量上佣金也会比价格更重；同时行动按钮必须放在固定的位置上才能最大程度地降低用户的认知成本，在信息布局方式上，为了保证信息的次序性，优先采用左右布局的方式，通过这些细节的思考及多种方案的尝试，才逐步敲定了商品列表的设计样式。

　　活动 Banner 是电商类 APP 中最常见的信息模块，Banner 的风格有时候就决定了一个 APP 的风格。通常情况下，为了凸显活动的丰富性和多样性，活动 Banner 会被设计成丰富的样式，虽然提高了活动丰富性的感知，但也会对 APP 的品牌认知造成一定的影响，因此在考虑 Banner 设计的时候就需要在多样性与一致性之间做一个平衡。围绕着 APP 的关键词我们进行了多轮的沟通及尝试，最终决定在 APP 的初期设计风格往一致性多倾斜一些。在信息选择上做到足够简单，只保留品牌 / 活动名和促销信息，而图像层面则以产品结合微场景为主，为了平衡视觉分量，我们选择了把文字放在 Banner 的左半边，产品图像放在右半边。整体的色彩上会选择饱和度位于 70% ~ 85% 的区间，这个区间的色彩性格特征明显但又不张扬，容易营造质感。而产品的微场景会提升产品的品质感，增强图像的亲和力。

商品分类的入口 icon 承担了导航分流的作用，由于大多数电商的商品入口 icon 已经采用了实物风格，为了降低用户的认知成本，我们也把大方向定在了实物风格的 icon 上面。但是在实物的选择上会更偏重样式和色彩都比较简洁的实物，并且在形状上的差异不要太大。

第四步就是结合典型模块来设计典型页面。典型页面指的是 APP 中用户最常用到的一些页面，通过这些页面用户就能对 APP 形成整体的印象认知。对于典型页面的设计并不是简单地将典型模块拼装起来就可以了，需要在典型模块的基础上，对每个页面进行更精细化的设计，在色彩的选用、布局的疏密上都要进一步考量，单个页面设计完成后，还需要把多个页面放在一起做对比并且进行统一调整。虽然在典型模块设计时已经敲定了典型模块的风格，但整体典型页面设计出来后，有时候也需要将多个风格进行比较。当页面方案基本成型后，我们也可以邀请一些目标用户进行一次视觉风格的可用性测试，看看哪个风格是用户能够快速接受的。采用线上问卷和现场访谈的形式都可以。比如我们的设计过程中就出现过针对主色调意见不一致的情况，我们就设计了几种典型风格，然后通过线上问卷的方式引入用户意见作为评判参考，最终结合各方案的有效得票率选定了色彩风格，如图 6-32 所示。

图 6-32　色彩风格问卷示意图

6.2.2　方案汇报

一个好的方案需要好的引导，巴黎残奥会对于其 Logo 设计释义的引导就非常有技巧，如图 6-33 所示。在过往的奥运会中，残奥会和奥运会都会采用两个不同的 Logo，但本届巴黎奥运会的组委会把奥运会和残奥会的 Logo 设定为同一个样式，以此来表达巴黎希望以同样的理念和标准来承办本次的奥运会和残奥会。按照固有的观念，公众对此都不理解，但经过组委会的解释，一下子就把这种不理解给消除了。一个成功的商业设计方案，比较好的状态是能够统一受众的认知，给受众带来接近一致的情绪感受，这也是设计和艺术的典型区别（艺术的精彩之处在于每个人都可以通过作品的刺激产生不同的情绪与感受）。所以，方案汇报的目的就是通过一次公开的讲演，建立相关者对方案的一致性认知。一份好的解读引导，是一个好方案的重要组成部分。

图 6-33　巴黎奥运会与残奥会 Logo 示意图

最终的设计成品仅仅是一个汇报方案的最后部分，最不理想的汇报方式就是把做好的设计稿往微信群里一丢，然后任由大家各自解读，这种情况往往会让你收到一大堆所谓的建议，并不能对方案的推动有多少积极的作用。

一份完整的汇报方案应该至少包含 Why、How、What 三个大部分。图 6-34 所示的是汇报方案的缩略图示意。

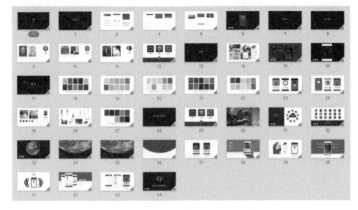

图 6-34　汇报方案的缩略图示意

Why 指的是我们为什么要做这个方案，以及期望通过新方案要达到什么目的，基本上我们可以从用户、市场、行业现状、发展趋势、现有问题等方面去准备内容。在这个单元我们要在问题和需求方面与与会者达成一致，逐步把他们引入到我们的思考场景中。

How 指的是针对 Why 单元列出的需求和问题，提出我们的解决思路及途径，同时也是为了引出后面的 What 单元。

What 单元就是具体视觉方案的呈现了，每个具体的方案都与前面的 Why 及 How 单元的内容形成逻辑呼应，形成整个方案的逻辑闭环。当然在这里并不是简单地把最终的视觉稿放上来就可以了，而是要把视觉背后的思考也呈现出来，因为这些表层的思考都和前面的单元有逻辑关系，如果不讲出来任由与会者自己发挥解读的话，那你前面两个单元的工作可能又白费了。比如说我们选定的主色调背后的意义、基于什么样的思考采用了这样的布局风格、目前这套方案的优势及不足的地方分别在哪里……总之要把我们对视觉背后的思考尽可能明明白白地说出来，而不要让与会者太多地去自由联想方案背后的意义。思考模型示意图，如图 6-35 所示。

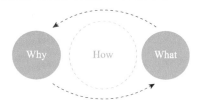

图 6-35　思考模型示意图

对于汇报方案的呈现，一般使用 keynote（PPT）的格式，方便演示，另外对于最终视觉呈现的部分最好能够包装成视频，相对静态图片来讲，视频的感染力会更加立体，也更能吸引观者的注意力；如果是移动端的界面方案，我们可以考虑做成简单的可交互的 demo，现场演示的话能够极大地提高方案的真实感。如果我们提供了多套方案的话，一定要从专业的角度上把每个方案的优势及局限性说出来，方便与会者能够更直接地做出判断。

一场成功的方案汇报，除了方案，其他的一些准备工作也必不可少。比如提前定好场地、时间，并提早通知好需要参与的与会者。汇报方案的提前演练、必要演示道具的准备；专门的会议记录者、公开讨论用到物料的准备等，这些方面的努力都会为我们的汇报加分。

当然，我们并不是每次的汇报都会顺利通过，假如遇到没有通过需要后期修改再次汇报的情况，为了下一次的汇报我们可以做哪些工作呢？

首先，针对本次会议的客观记录是必不可少的，如果有重点人物（决策权重比较大的人）的建议或发言要重点标记。作为设计师，我们要以开放的心态去聆听多方的建议，在对方提建议时切记不要当场去争辩，而是要想尽办法引导发言者把建议说得更彻底，哪怕是他第一感觉的主观感受。当然，如果有一些非常主观的并且富有攻击性的建议我们可以忽略掉。

会后我们需要第一时间对会议记录做一个梳理和分析，按照一定的类别整理好，类别可以参考以下分类：视觉表现类建议、思路方向类建议、具象的修改意见，等等。对于每个方案展示时大家的反应也需要做一个记录，比如说哪个方案引起了与会者比较激烈的讨论，哪个方案让与会者无感，哪个方案被与会者一致否决。

当把会上的建议梳理好之后，最好的选择并不是第一时间去动手修改方案，而是要筛选建议。面对海量建议的时候，设计师最容易犯的错误是失去判断能力，照单全收所谓的修改建议。我们要筛选出哪些建议是与会者经过思考提出来的，哪些建议跟我们前期的研究和梳理是能够对应起来的……把这些有价值的建议梳理后，做个简单的方向整改思考，再找相关决策人做个简单的方向性沟通，然后再进行方案具体的设计和修改。只有这样，才会让我们的二次汇报更有价值。

可以使用的工具：界面设计工具推荐使用 Sketch、Figma；视频制作可以用 AE；可交互的 demo 可以用 Flinto、Principle、FramerX；汇报文件可使用 Keynote、PowerPoint。具体的工具图标，如图 6-36 所示。

图 6-36　具体的工具图标

6.2.3　设计输出

汇报方案通过后，接下来的工作就是把设计执行落地。把设计应用到真实场景中去才是设计的意义所在，如果仅仅停留在方案阶段，那么设计就像是一个空中楼阁，价值有限。

页面延展

针对一个 APP，我们需要输出全套的页面给开发人员，输出页面的完整性与一致性就是我们要重点关注的内容。完整性指的是同一页面要包含不同状态，而且能够串成完整的逻辑。一致性指的是相同功能应尽量采用相同的控件，整套页面风格也要保持一致性，相同信息的布局也应尽量保持一致。

要实现完整性与一致性，我们可以从以下两个层面做工作。

一是真正读懂交互稿，拒绝直接拿来主义。在拿到交互稿的时候，不但要在逻辑流程的角度上看是否还有缺失的状态和页面，而且还要读懂单个页面上信息的优先级和浏览视觉动线，通过视觉语言（颜色、大小、位置、图形）去重建信息的次序，而不是简单地照着交互稿依葫芦画瓢。

二是根据风格设计的页面，初步整理出色彩、字体、间距、控件等基础元素及规则，让后续的页面延展能够基于统一的基础元素展开，这样能够比较有效地保证页面延展的一致性，如果用 Sketch 来设计的话可以先建一个 Library，这样能够提高设计效率。

设计评审

在页面设计完成之后，设计师自己要进行一轮评审，主要围绕页面的准确性、完整性、一致性三点来进行。

准确性包括：流程和逻辑是否准确，文案是否有错别字，不同状态的属性展示是否正确等。

完整性包括：同一页面的不同状态是否完整，空状态、异常状态是否欠考虑。

一致性更多地是从设计规范的角度来检查，包括控件、色彩、字体层级等是否遵循规范，另外还需考虑品牌 / 产品调性、文案口吻等是否一致，比如说一些空白页或者以图案为主的页面，需要考究其最终的风格是否符合产品的品牌气质，一些操作属性比较明显的页面是否符合易用性的标准。

如果设计团队内部评审通过之后，可以组织产品、研发、测试人员进行开发评审。在组织开发评审前，我们需要把设计稿提前同步出来一份给所有需要参会的开发人员，并且预留出他们看稿子的时间，这样与会者可以有时间把自己的疑问提前进行整理。评审开始后，你可以按照模块或流程进行评审宣讲。作为宣讲人，需要控制好整个会议的节奏，如果在会上短时间定不下来的问题，可以记录在案，不要在会上进行太长时间的讨论，会议结束后，我们按照已确定、需修改、待跟踪三类把页面分好然后分别进行后续的工作，最终使所有页面都达成统一。

文件输出

页面设计评审通过后，我们需要给开发输出包含切图、页面效果图、效果图标注三个要素的高保真图稿，如果用 Sketch 做设计输出的话，可以直接利用 Measure 插件就可以一键输出效果图和标注了。

切图也可以在 Sketch 中进行集中输出，但切图的格式通常会选择 png 格式，不过现在也有很多团队会选择 svg 格式，当然具体的格式需要设计师跟开发人员沟通好就行。在这个环节特别需要强调的一点是切图的命名规则，一套合理的规则可以帮助设计师有条理地进行切图的输出，避免遗漏和冲突，而且开发人员也可以直接套用设计师的命名规则，方便后期对切图进行集中替换。

切图一般分为两大类：公用切图和个性切图，公用切图指的是在多个模块和页面之间可以多次复用的切图；个性切图指的是只出现过一次或极少次，不具备复用价值的切图。在这里分享一个我们团队用过的命名规则，其逻辑是按照层级递进来命名：模块 _ 类别 _ 功能 _ 状态，由于我们要把这套切图同步给开发人员，所以还需要翻译成英文的命名：home_icon_share_n。在命名中同一个团队应尽量用同一套规则，以降低大家的使用成本，如果英文不好的话可以输出一个常用命名词汇表，方便团队的设计师进行对照。切图命名规范示意图，如图 6-37 所示。

6.2.4 视觉设计规范

设计规范通常在设计理念、设计思路、设计表现形式、设计媒介等方面提供一种可行的指导性方法，为营造一致性的品牌视觉、用户体验服务，同时降低受众的认知成本。制定设计规范能够在保证用户体验一致性的前提下提高设计效率，特别是针对共性比较强的项目，设计规范的作用会更明显，在设计规范的层面也需要投入更多。

切图命名以模块为前缀，例如：模块_类别_功能_状态.png，home_icon_share_n.png。

模块

首页（home）　　个人中心（info）　　店铺详情（store）　　公共（common）
购物车（shopping）　　订单（order）　　登录（login）　　商品详情（detail）
售后（service）　　消息（message）

类别

导航栏（nav）　　　按钮（btn）　　背景图片（bg）　　头像（favicon）
菜单栏（tab）　　　图标（icon）　　默认图片（def）　　输入框（input）

状态

选中（selected）/（s）　　　　正常（normal）/（n）
按下（pressed）/（pre）　　　不可点（disabled）/（d）

常用功能词语

登录：login	筛选：filter	弹出：popup/pop
注册：register	菜单：menu	刷新：refresh
分割线：cut-off rule/cor	内容：content	用户：user
搜索：search	左：left	进度条：progressbar/pbar
收藏：collect	右：right	图片框：photoframe
编辑：eidt	中：center	箭头：arrow
评论：comment	标题：title	分享：share
定位：location	服务：service	上传：upload
标签：tags	状态：status	

图 6-37　切图命名规范示意图

一套完整的界面视觉设计规范基本包含 4 个大模块：设计原则 Design Principle、基础元素 Component、模块控件 Pattern、典型页面 Page。

设计原则 Design Principle

Design Principle 可以通俗地理解为基于业务与用户体验的设计指导思想，它提出了共同的设计目标、设计规则、指导及一系列的注意事项，是构成一套 Design System 的 DNA，它可以作为设计过程中的决策依据，用于解决业务、用户体验中的问题，引导设计往既定的方向前进。相对于 Component 和 Pattern 来讲，Design Principle 是抽象出来的设计理念，为我们的整体设计提供思考方向的指引和形式。

我们可以看一下 SAP 的设计语言 Fiori，它基于 SAP 本身的业务范围，提出了 Fiori 的 Principles：ROLE-BASED（基于业务角色）、DELIGHTFUL（愉快）、COHERENT（一致连贯性）、SIMPLE（简单）、ADAPTIVE（适应性）。SAP 作为一家知名的企业内部解决方案的提供商，基于业务角色将会是它们进行设计思考的立足点，也体现了 SAP 公司的业务属性，如果不能做到简单和适应性，也会对 SAP 的业务拓展造成障碍，而愉快和一致连贯性，将在很大程度上影响 SAP 所服务企业的用户体验，这些就是 Fiori 设计语言的由来。SAP 设计原则，如图 6-38 所示。

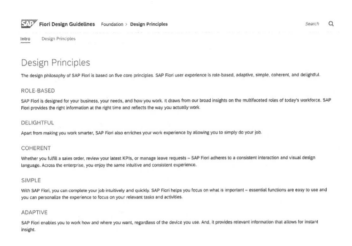

图 6-38　SAP 设计原则

我们再看一下 IBM 公司的 Carbon 设计原则，分别是 Open（开放性）、Inclusive（包容性）、Modular and Flexible（模块化和灵活性）、Puts the user first（用户第一）、Builds Consistency（建立一致性）。IBM 作为一家业务范围更广，用户群体更宽泛的公司，它的设计语言更强调了开放性及用户感受，同时也说到了建立一致性这个要点。其实我们再看看其他公司的设计原则，就会发现"一致性"被提到很多次，这也说明了"一致性"应该作为设计常识性的存在。Carbon 设计原则，如图 6-39 所示。

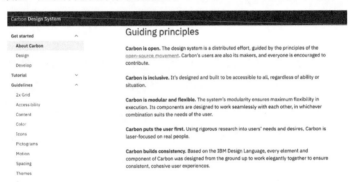

图 6-39　Carbon 设计原则

基础元素 Component

Component 指的是在页面中承载单一 action 的元素，是页面构成的最基本的单位，它可以是一个 button、展示的一行文字或图片、一个输入框或者一个 icon，它只帮助用户解决一个点，一般只承载用户的一次操作或单一种类信息。Component 示意图，如图 6-40 所示。

图 6-40　Component 示意图

模块控件 Pattern

　　Pattern 是由基础元素组成的，它可以串联起一些基础元素的单点操作形成一个连贯的操作命令，帮助用户完成阶段性的任务。相对于基础元素来讲，Pattern 的业务属性会更加明显一些，比如电商类 APP 里面的选择商品规格的弹窗、股票软件购买股票的功能模块等；如果拿建房子来比喻，Component 就好像是砖头、瓦块、水泥、木头等基础原料，而 Pattern 则像是餐桌、门窗等成套的零件。当然 Component 和 Pattern 的分类并没有严格意义上的界限，不同的设计语言会根据业务属性的不同而划定适合自己业务的分类。在这里给出一个已有的 Design System 的例子供大家参考。Component 与 Pattern 对比示意图，如图 6-41 所示。

Components

Bottom navigation	Chips	Grid lists	Progress & activity
Bottom sheets	Data tables	Lists	Selection controls
Buttons	Dialogs	Lists: Controls	Sliders
Buttons: Floating Action Button	Dividers	Menus	Snackbars & toasts
Cards	Expansion panels	Pickers	Steppers

Patterns

Confirmation & acknowledge...	Gestures	Navigation drawer	Scrolling techniques
Data formats	Help & feedback	Navigational transitions	Search
Empty states	Launch screens	Notifications	Selection
Errors	Loading images	Offline states	Settings
Fingerprint	Navigation	Permissions	Swipe to refresh

图 6-41　Component 与 Pattern 对比示意图

典型页面 Page

典型页面指的是在用户任务流程中出现频率高，可以完成整个任务或者其中一个任务节点的页面，常规说来，Component 和 Pattern 共同组成了 Page，相对于前两者，Page 的业务属性、功能性及流程的完整性会更加明显。比如说常规 APP 的商品列表页，基础元素就包含了图片控件（商品图片）、文本控件（商品名称、价格、付款人数），这些基础元素通过排列组合成了一个 Pattern（单商品组件），而多个单商品组件通过组合形成了 Page（商品列表页）。Page 示意图，如图 6-42 所示。

图 6-42　Page 示意图

如果说不同业务种类之间的 Component 和 Pattern 可以借用一下，那么不同业务之间的 Page 就很难被复用，前两者的通用性更强，而 Page 的针对性会更明显。比如说对 iOS 和 Android 的设计语言来讲，由于二者更多的是基于平台的设计系统，所以它们的 guideline 中更偏重 Component 和 Pattern，而 Facebook、Airbnb、支付宝等基于具体产品的设计系统，除了提供 Component 和 Pattern 指引之外通常会提出一些典型的 Page，以便给设计师更多的帮助和指导。一些完善的设计系统都会包含设计资源的下载，这些设计资源可以帮助设计师快速全面地了解设计规范，它们通常会包含一份 PDF 说明文档和 UI kit 源文件。文档中会写明使用方式和注意方法，方便设计师在快速、准确地理解规范的情境下进行设计协作；UI kit 一般会有 .sketch、.psd、.rp 三种格式，使设计师直接在 Sketch、PS、Axure 中快速调用。

　　在一个 APP 的设计过程中，什么情况下输出规范是最合适的？一般情况下，在产品的大概风格及关键页面确认后、页面设计延展前，我们就可以启动设计规范的整理了。设计规范的本质是对已有视觉设计规则的归纳和梳理，通过提取共性的方式，把通用规则整理在一起，集中明确地展示给后续环节的参与者使用，对本产品后续的设计与开发提供指引作用。如果在项目初期，风格还没有确认或者还不完善的时候就开始整理设计规范，那么整理出来的规范往往会没有足够的代表性，并且经常会被推翻，造成不必要的时间浪费；但如果等项目基本都做完了，再回过头整理设计规范，那么花费大量时间整理的设计规范在后期的应用价值有限，毕竟整理一套设计规范需要花费很长的时间和人力。

　　设计规范包含那么多内容，是不是每一个项目的设计规范我们都要做得那么完整？答案是不一定，我们要根据项目的大小、参与项目的人数、项目周期等去选择合适的设计规范颗粒度。比如说针对一些小型项目，一名设计师就可以完成，而且上线后也没有后续功能，这种情况下我们没必要花费时间去梳理具象的设计规范，基本上把通用的色彩、字号、间距等通用规则搞清楚就好了；针对一个独立的产品，需要多名设计师协作，而且后续需要持续的迭代升级，这种情况下我们需要把基础元素、模块控件、典型页面都根据产品的需要梳理出来，达到能够根据规范快速搭建页面的目的；如果针对一个平台类产品或者产品系列，除了基础元素、模块控件、典型页面可能有更多细节，我们还需要有设计原则，通过抽象理论与具象视觉的方式对设计的扩展实现更好的支持。

　　设计规范并不是一次性的事情，而是需要持续更新与迭代的过程，始终保持规范的敏感性和产品的连续性，才能够真正实现设计规范的价值。从设计侧的视角看，设计规范的价值主要有两点：一是保证设计稿的一致性，二是通过组件的复用提高设计效率。针对设计规范里已经梳理好的组件，在用到的时候设计师可以直接拿来使用，完全不需要再自己重新设计，在色彩和字号等一些通用元素的选择上，只需要根据信息的属性在规范列举出来的几种参数中参照使用就可以，避免自己再重新调整参数设置。比如说规范里规定了一级标题的字号是 20pt，字重是 bold，色彩是 #333333，那我们在设计标题的时候直接套用就好了。对将 Sketch 作为设计软件的同学来说，把设计规范做成 UI Kit 的方式，直接添加到 Sketch 的 Library 中，也是一种非常快捷的使用方式。iOS 官方 UI Kit 部分效果示意图，如图 6-43 所示。

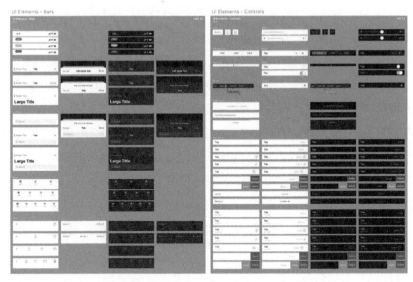

图 6-43　iOS 官方 UI Kit 部分效果示意图

6.3　结语

　　视觉的本质是信息的传递和情绪的表达，信息的准确性相对理性，而情绪的合适性则相对感性。视觉表现并不是视觉设计的全部，而是其中一个环节，视觉设计中我们还需要思考信息的优先级、应用的场景及载体，等等；设计输出完并不等于视觉设计工作的结束，我们必须对最终用户看到的结果负责，因为用户看到的并不是我们的直接设计效果图，而是开发人员通过代码对效果图还原后的效果，也就是说还原程度会直接影响用户看到的效果，所以，还原度的跟踪也是设计师工作流程中不可缺少的一部分。在下一个篇章中我们将更为详细地介绍设计走查。

　　视觉风格是最直接能够感染用户情绪的，主流视觉风格也会随着技术、用户审美、社会形态的变化而变化，就像主流的艺术风格有生命周期一样，主流视觉风格的生命周期也一样存在。除了在 GUI 发展历史中占有比较明显的地位的拟物化风格、扁平化风格，还有其他一些视觉风格也在一定的时期内盛行，比如说蒸汽波风格（Vaporwave）、3D 风格、新拟态风格（Neumorphism）等。

　　蒸汽波风格（Vaporwave） 是一种受 cyberpunk 影响的网络在线艺术风格，这类网络在线艺术最早可追溯到二十世纪六七十年代的前卫艺术运动激浪派（Fluxus）里的邮件艺术，主要通过邮政系统进行作品的制作、发送与展示。这一运动不但产生了丰富的艺术作品，而且最先建立起了世界范围内的艺术家网络，并将"互联"和"社区"的概念传播开来。蒸汽波风格具备非常强的实验艺术属性，通过利用高明度渐变色彩、几何图形应用、元素的创新组合等手法渲染前卫、梦幻的情绪，利用其视觉冲突在屏幕上快速抓住用户的眼球。蒸汽波风格示意图，如图 6-44 所示。

图 6-44　蒸汽波风格示意图

3D 风格在 GUI 领域的流行是在扁平化风格之后，也可以看作是对拟物化风格的一种曲线回归。3D 风格在空间的搭建及场景的塑造上有着天然的优势，相对于二维的视觉感官刺激来讲，三维的感官刺激无疑更强一些。3D 风格的流行还离不开 3D 设计软件（C4D）及计算机硬件和运算技术的进步。3D 风格示意图，如图 6-45 所示。

图 6-45　3D 风格示意图（图片来源于网络）

新拟态风格（Neumorphism）可以简单地理解为在扁平化风格的基础上加上一个光源，利用光源的变化制造页面的空间感，增加页面的整体性。与扁平化风格不同的是新拟态风格的元素与背景之间的色彩和材质对比度不太，主要通过光源照射产生的投影来区分行动元素与背景，元素的正常状态为凸出来的样式，当用户选中后，元素会变为凹进去的状态，借用了物理场景的操作效果来区分操作行为。新拟态风格对于色彩和元素的应用要求比较精细也就导致了其风格应用的局限性。需要注意的是新拟态风格有一个统一的光源，而并非采用多个光源。新拟态风格最早出现在 Dribbble 上 Alexander Plyuto 发表的作品，刚出现后就迅速地引起设计师的关注。虽然该风格目前在设计师群体非常流行，但还未在实际产品设计上变得流行。在这里分享一个网址，可以帮助大家轻松地了解新拟态风格的各项参数：https://neumorphism.io/。新拟态风格示意图，如图 6-46 所示。

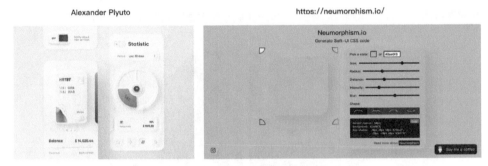

图 6-46 新拟态风格示意图（图片来源于网络）

本章思维导图

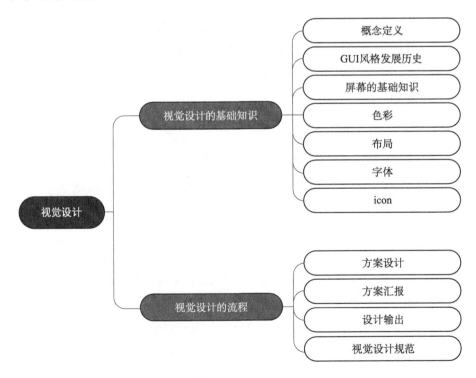

小思考

1. 假设给你一个关键词，该怎样思考它的视觉表现形式呢？

2. 每一种流行的视觉风格背后的因素有哪些？你觉得从拟物化风格进化到扁平化风格的原因有哪些？

参考资料

Apple 设计规范 https://developer.apple.com/design/

Material Design 设计规范 https://material.io/

IBM 设计规范 https://www.carbondesignsystem.com/

王欣 . 硅谷设计之道 [M] . 北京：机械工业出版社，2019.

[英] 威尔 · 贡培滋 现代艺术 150 年 [M] . 王烁，王同乐译 . 桂林：广西师范大学出版社，2017.

专业词表

像素： 屏幕的一个度量单位，常用 px 来表示。

字重： 是指相对于字体高度的笔画粗细程度，字重可以通俗地理解为字体的视觉分量。

设计原则： 基于业务与用户体验的设计指导思想，它提出了共同的设计目标、设计规则、指导及一系列的注意事项。

模块控件： 由单一的基础控件组成，它可以串联起一些基础控件的单点操作形成一个连贯的操作命令，帮助用户完成阶段性的任务。

典型页面： 指的是在用户任务流程中出现频率高，可以完成整个任务或者其中一个任务节点的页面。

07 设计走查

本章概述 ···

什么是设计走查？我们为什么要进行设计走查？设计走查要检查的内容都有哪些？如何处理收集到的问题才能够推进解决进展？本章将对设计走查的目的、对设计落地的影响进行说明，并给出走查过程中需要重点检查的事项。

本章目标 ···

1. 了解设计走查的重要性
2. 了解在工作中设计走查的实际执行情形
3. 能够根据项目特点制作走查清单
4. 了解收集问题、处理问题的方法

关 键 词 ···

设计走查　　　设计落地　　　走查范围　　　走查执行人

走查清单　　　问题分级　　　问题跟踪

7.1 设计走查的概念

参照产品的设计效果图，对开发实现的交互和视觉效果进行检查或验收的行为，我们称为设计走查，也会有很多团队称为设计测试或设计验证。

从整个项目开发流程节点上来看，设计走查介于设计输出和上线发布之间，跟测试的性质有一些共通之处。

在实际工作中，往往很多设计师都还停留在"设计稿输出就等于设计师工作的完成"的狭隘的理解上。从更加对设计效果认真负责的角度上来讲，设计师的工作应该是贯穿整个产品的生命周期的，设计稿的完整输出仅仅是阶段性地完成工作，我们要为最终呈现到终端用户面前的设计效果负责。

用户最终看到的并不是你的直接设计稿，而是开发工程师通过代码编译之后生成的界面。所以，你的设计稿最终是给开发工程师看的，而用户在终端实际体验的界面是开发工程师参照你的设计效果图用代码实现的，开发工程师对你设计稿的还原度，就直接影响了用户对设计的感知。如图 7-1 所示，我们将实际的还原稿跟设计稿作对比，顶部的抢购中少了浅色色块的标记，商品名称、价格、卖点的字号都比设计稿要小，行动按钮的摆放位置也不正确。这些不起眼的小细节累加起来就会在很大程度上影响用户最终的感受。

图 7-1 未进行设计走查的还原效果与设计稿对比示意图

假如你给自己的设计打分是 100 分，但是开发的还原度只能达到 70%，那么最终用户感受到的就是 70 分，从这个角度上来讲，你的设计打分最终也就只有 70 分，而被减掉的 30 分就是还原度不达标直接造成的，这也是设计走查环节存在的必要性。

7.2　如何进行设计走查

走查的总体过程大概分为检查、收集问题、分类问题、跟踪处理，具体步骤有交互 / 视觉走查、问题汇总分级、开发问题修复、设计师验证、问题关闭 / 延期，如图 7-2 所示。

图 7-2　设计走查流程

7.2.1　走查方式

在设计走查中，参照设计效果图对实现效果进行还原度比对仅仅是走查的方式之一，更重要的是要带着设计思维，从用户体验的角度出发来考究所实现效果页面的合理性，这样能够帮我们发现一些在设计方案时没有穷尽的特殊场景。

在修复设计问题的时候，有些场景下让开发人员按照设计效果图来调整就能解决问题，还有些情况是需要设计师从源头来调整设计方案的。

这里举一个之前我遇到的例子，为了 APP 的新改版上线，我们针对一些特性功能设计了一个启动页的小动画（见图 7-3），在设计方案刚出来的时候还没有遇到什么问题，但最终开发出来后，在某些机型上动画的流畅性一直调整不到好的效果，这种流畅性的阻塞会非常影响用户体验，所以设计师结合了一些机型的影响因素重新调整了设计方案，使设计方案能够更好地适应更多的机型。

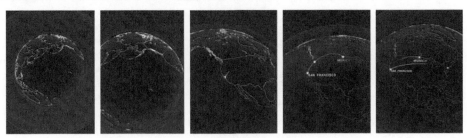

图 7-3　启动方案示意图

7.2.2 走查内容

走查范围

启动设计走查后，设计师需要对交互和视觉两个层面的设计进行走查。同时，针对每个页面、模块，我们都会从"合理性、一致性、还原性"三个层面进行检查。

走查执行人

在实际的职场当中，设计走查的职责有些公司会放在测试团队，有些公司会放在设计团队，这两种都有各自的优缺点。但设计走查交由设计团队执行效果会更好，因为设计走查更多的侧重点是易用性和友好性，而测试团队一般更关注可用性层面的问题，对易用性和友好性的层面关注度较低。易用性和友好性恰恰是让产品和用户体验拉开差距的部分，同时也能够推动设计价值的升华与放大。

具体到由哪个设计师来执行时，这里推荐"谁设计谁走查"的形式。因为每个设计师对自己设计过的内容都非常了解，没有必要额外花时间再去熟悉一遍原有的设计稿，设计师只需要体验一遍相关的流程，然后再检查一下部分特殊状态，经过这两个环节后，存在的问题基本上都能暴露出来。

如果需要走查其他设计师设计的模块，那么建议你先拿到设计稿，把逻辑流程和相关视觉规范先熟悉一遍，然后再进行设计走查，这样其实更容易提高走查效率。

不管是移动端还是 PC 端，屏幕的尺寸都变得更加多样化，虽然设计稿一样，但由于不同尺寸的屏幕适配也会出现一些视觉问题，如果在时间资源有限的情况下，设计走查可以先覆盖主流的机型和屏幕尺寸，有富余时间的话再去走查特殊的机型和屏幕。

走查清单

针对初入职场的设计师来讲，如果只带着设计思维，从合理性、一致性、还原性的角度上去走查，可能大部分人会有一种无从下手的感觉，所以在执行走查的准备阶段，要对应地列出交互设计走查清单（见图 7-4）和视觉设计走查清单（见图 7-5），通过清单上的具体条目来给走查过程提供一个更加具象的参照。

利用清单可以最大化地降低人为的不确定因素，杜绝疏忽、遗漏。而且建立一份标准清单可以弥补多个团队合作时产生的信息差，提高合作效率。图 7-4 和图 7-5 给出的是一份常用的设计走查清单供大家参考。

交互设计走查清单	
一、架构与流程	
1	信息层级和分类是否清晰、合理
2	用户的路径是否保持一致
3	用户的操作流程是否流畅
4	返回和入口是否符合用户预期
5	逆向流程是否合理（是否和正向流程相关）
6	容错场景是否足够充分
二、交互过程与反馈	
1	是否有禁用状态
2	交互过程是否完善（交互前、交互中、交互后）
3	操作结果是否考虑完善（操作成功与操作失败）
4	操作过程中是否可以取消
5	交互的引导是否存在且合理
6	数据为空的状态是否考虑
7	超出限制的状态是否有提示
8	用户操作失误是否有提示或引导
9	手势应用是否符合用户习惯、是否存在冲突
10	是否为用户的输入提供了指引
11	手势应用前后是否保持一致
12	同等级别的反馈方式前后是否一致
三、界面呈现	
1	控件是否符合用户认知
2	控件状态是否齐全
3	控件的交互方式前后是否一致
4	界面布局规则前后是否一致
5	页面名称前后是否一致
6	文案口吻前后是否一致
7	文案是否符合用户的当前场景
8	限制条件是否提前告知用户
9	是否考虑键盘对界面的遮挡效果
10	键盘类型是否符合用户当下的输入场景

图 7-4　交互设计走查清单

视觉设计走查清单	
1.	功能色彩前后是否一致
2.	品牌色运用是否符合规范
3.	字体大小层级是否符合规范
4.	间距是否遵守规范且全局一致
5.	元素的缩放比例是否是 1:1
6.	页面布局是否合理
7.	页面信息视觉流是否清晰合理
8.	相同功能的控件样式是否一致
9.	控件的状态是否齐全
10.	异常状态以及特殊状态是否全面
11.	交互的引导是否存在且合理
12.	数据为空的状态是否考虑

图 7-5 视觉设计走查清单

7.2.3 走查分析

经过对各个页面的检查，相信设计团队和开发人员已经发现了不少问题。那么下一步我们应该将这些问题进行合理的分类、分级，并制定跟踪机制，保证它们能得到解决。

问题分级

问题分级的目的是确定解决这些问题的先后顺序。

定义问题优先级的标准有很多，但通常使用的是结合 Rubin 模型改良版的评价体系，从使用频率、使用效果两个纬度交叉评价来评定问题的优先级，如图 7-6 所示。

图 7-6 设计问题优先级象限图

使用频率

使用频率指用户会看到这个页面的次数。以微信为例，消息页、朋友圈、付款码等页面是用户经常会用到的，这类页面就属于高频页面；而设置、账号与安全等页面，用户只有在特殊场景下才会用到，这类页面就属于低频页面。

使用效果

使用效果指的是用户是否能够顺利通过该页面完成用户需要做的任务。如果用户不能够在该页面完成任务，则该页面的可用性就不合格；如果用户能够通过该页面完成任务，则该页面的可用性为合格。

如果用户能够非常轻松地通过该页面完成任务，这个纬度就从可用性上升到了易用性层次，易用性除了满足用户的基本功能层的需求，还能够在情绪感受方面给用户带来积极的影响，提高用户对产品的友好印象。

我们可以利用象限图来评定，横轴和纵轴分别代表了使用效果和使用频率，两轴的交叉形成 4 个象限，分别代表了 P0、P1、P2、P3 四个问题的等级。

P0 级别的问题属于灾难性问题，会影响产品核心流程，造成产品基本不可用，必须马上解决。

P1 级别的问题属于主要问题，会影响一些低频率的分支流程的可用性，可以安排在上线前解决。

P2 级别的问题属于次要问题，基本不影响产品的功能，但在效率层面会有一定的影响，可能会引起部分用户的差评，在时间允许的情况下应尽量在上线前解决，如果上线前时间有限，那么最迟也要在产品上线发布后马上安排迭代版本予以解决。

P3 级别的问题属于友好性问题，基本不会影响用户的使用效率，但解决了的话会提高用户对产品的喜爱度，可以在上线后逐步安排迭代版本予以解决。

问题分级指标并不是绝对的，可以根据自己公司及产品的具体情况来选用比较适合现状的指标，在这里再介绍 3 个比较知名的指标模型。

1. Rubin 模型。由 Rubin 在 2008 年提出，他认为可用性问题的危急程度（Criticality）包括两方面：严重性（Severity）和发生频率（Frequency of Occurrence）。严重性由 4 点量表评分，1 表示程度较低，2 表示适中，3 表示严重，4 表示不可用。发生频率也由 4 点量表评分，1 表示出现次数的概率小于 10%，2 表示出现次数的概率介于 11% ~ 50%，3 表示出现次数的概率介于 51% ~ 89%，4 表示出现次数的概率大于 90%。最后，将这两个指标的分数相加得到一个介于 2 ~ 8 之间的危急程度评分。

2. Wilson 模型。他认为可用性严重等级评估应该和公司内部的 bug 追踪系统保持一致，可用性问题可分为 5 级：1 级（灾难性错误，导致数据的丢失或者软硬件的损坏），2 级（导致数据丢失的严重问题），3 级（中等程度：耗费时间但不会永久丢失数据），4 级（问题虽小但却让用户感到焦躁），5 级（无关紧要的错误）。

3. Nielson 三指标五级模型。由 Nielson 在 1995 年提出，他认为可用性问题的严重性由三个因素的构成：频率（Frequency）、影响程度（Impact）、持续性（Persistence）。问题严重性的评级标准可以用 0~4 量表评分，0 表示"我不认为这是个可用性问题"，1 表示"只是一个门面级的问题，除非有充足的时间，否则可以不用管"，2 表示"次要问题，解决的优先级低"，3 表示"主要问题，解决的优先级高"，4 表示"灾难性问题，产品发布之前必须解决"。

问题跟踪

问题分级完成后，设计师需要将这些问题交给开发人员修改，为了方便后期对这些问题的协作及跟踪，一般要求设计师用一个 Excel 表格的形式同步给相关人员。

该表格一般包括模块、页面、路径、问题描述、修改建议、责任设计师、责任工程师、是否修复等内容。设计走查问题跟踪汇总表模板，如图 7-7 所示。

设计走查问题跟踪汇总表										
序号	模块	页面	路径	问题描述	问题等级	修改建议	责任设计师	责任工程师	是否修复	备注
1	个人中心	个人收入详情页	我的 - 我的收入	本月收入标签颜色太浅，用户基本看不到，这种情况下用户无法辨认收入的属性	P0	参照设计效果图，更正【本月收入】的标签颜色	张马克	李晨离	是	
2										

图 7-7　设计走查问题跟踪汇总表模板

"模块""页面""路径"等内容方便观者高效地定位问题，"问题描述"可以从操作行为、问题表现等角度来填写，帮助观者对问题有一个直观的了解，必要的情况下可以配图"修改建议"可以理解为修改要求，也就是你期望修改成的样子（一般情况下要参照设计效果图）。"责任设计师"和"责任工程师"可以在帮助观者需要沟通的时候快速找到对应的人。"是否修复"则是一个后续跟踪的标记，如果是已经验证修复的，就在表格里标注出已修复；如果是由于时间原因无法在本期完成修复的，就需要在"备注"里标注上延期，并且纳入到下一个版本迭代中去。问题汇总和跟踪过程，如图 7-8 所示。

图 7-8　问题汇总和跟踪过程

7.3　结语

设计师应该把设计走查纳入到整个设计流程的一部分，放弃设计走查就等于放弃了设计一半的价值，甚至会让你的设计变成 0 分。设计走查可以保证你的设计能够"不内耗"，把你的设计效果 100% 地还原到用户的体验中。与此同时，在走查过程中设计师有机会不断审视自己的设计，发现产品的改进点。

再延伸一点，上线之后设计师的任务并没有结束，设计师需要对上线后的效果做持续的跟踪。在科技及社会飞速进步的今天，用户习惯及审美也都在快节奏地变化着，持续地跟踪用户对于产品的反馈和建议，并且对这些反馈积极主动地进行分析，再把这些分析转化成设计机会点，那么设计才能持续地提升用户的体验，帮助产品在市场竞争中持续地保持竞争力。

本章思维导图

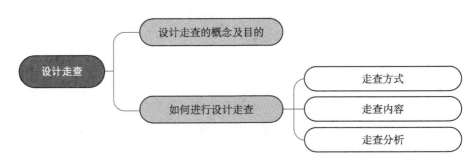

小思考

1. 设想如果不进行设计走查，你的设计和最终实现可能会出现哪些问题？

2. 你能否根据一个项目的特点，有针对性地编写一张走查清单？要注意哪些问题？

3. 可以从哪几个维度对走查问题进行分类？

参考资料

[美] Tomer Sharon. 试错：通过精益用户研究快速验证产品原型 [M]. 蒋晓，李洋，乔红月，等译. 北京：电子工业出版社，2017.

专业词表

设计走查： 从交互设计和视觉设计的视角来检查开发出来的 APP 是否跟已确定的设计稿保持一致的相关工作内容。

走查清单： 在进行交互设计或视觉设计走查时的内容的参照清单，可以帮助设计师全面的进行设计走查，避免一些项目的遗漏。

Rubin 模型： 用于判断可用性问题严重等级的参考模型，由 Rubin 在 2008 年提出，他认为可用性问题的危急程度（Criticality）包括两方面：严重性（Severity）和发生频率（Frequency of Occurrence）。

问题追踪： 对问题的提出、解决过程以及最终结果进行跟踪的行为。

08 上线运营

本章概述 ....

在走完需求诞生、规划、交互设计、视觉设计、开发、测试等流程之后，产品已经
能够落地成为一个可运作的实体了，此时进行发布就可以跟用户们见面了。

但是随着 APP 越来越多，竞品越来越多，用户精力越来越少，没有运营之力推动
的产品发布和维护，是无法突破重围被大众发现的（即使做得再精品，也极少可能）。
因此如何将产品及产品服务通过合适的方式呈现给目标用户，让产品活得更久更好，
就是产品运营要发挥的价值。

下面我们一起来看看，产品运营是如何赋能到一个 APP 诞生中的。

本章目标 ....

1. 了解运营的职能范围

2. 运营的分类

3. 产品不同生命阶段不同的运营组合方式

4. 设计与运营的配合

5. 运营与其他职能的区别

8.1　认识运营

8.1.1　运营是什么

在了解运营之前，想让大家先来回忆一些著名的活动案例。每年"双 11"期间，大家是否被购物节的活动和优惠项目冲击得转不过弯来？自从"双 11"购物狂欢节成型以来，每年全民都会在这一天卷入喜庆热闹的气氛中。而这不仅仅让民众体验到了欢乐的购物气氛，"双 11"也为阿里巴巴带来了巨大的收益，让阿里巴巴收获更高的价值，如图 8-1 所示。

在这其中，运营起到了不可替代的作用，行业内都流传阿里巴巴以运营著称，确实，能策划、落地、控制这么大型的活动，并每年都能创造新高收益，直接证明了阿里巴巴运营团队的实力。那么他们是怎么做的，运营到底应该如何看待并学习，运营与设计之间该如何配合，都是我们这章的重要内容。

图 8-1　天猫 2019"双 11"成交额

总而言之，运营最核心的目的就是让产品运作得更好，活得更久。

其具体就是让更多的人知道我们的产品和服务，用合适的方式告诉我们的目标用户，从而让产品活得更久更好。

运营人员经常觉得自己什么都要去做，这正好说明运营这个岗位综合性很强。运营粗略划分可以分为：内容运营、用户运营、活动运营、新媒体运营、渠道运营、商品运营等，根据公司的基因不同，运营的内容也会不一样，但是底层的运营逻辑都是一样的——让产品活得更好、更久。渠道运营、用户运营、内容运营的模式，如图 8-2 所示。

渠道运营	用户运营	内容运营
找到	普通用户：用户需求	行业、竞品、核心功能
用好	核心用户：种子与产品格调	包装
整合	导向、口碑	互动

图8-2 渠道运营、用户运营、内容运营的模式（1）

运营绕不开的三大基础模块就是**"渠道""用户""内容"**。这三个是运营工作的基石，任何变形的称谓都无法绕开这三个基础模块。

流量通过各个渠道而来，渠道运营能够帮助产品吸收更多流量。用户进入产品后，通过用户运营，将用户沉淀为有价值的粉丝用户，也就是我们常说的"流量私域化"，给用户划分不同的属性。通过不同的用户属性，我们再结合产品的定位和功能，针对化、精细化地运营内容，"给对的人看对的内容"就是内容运营的核心目的，如图8-3所示。

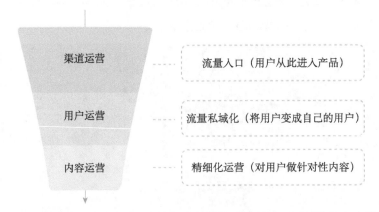

图8-3 渠道运营、用户运营、内容运营的模式（2）从上至下是流量流动的方向

8.1.2 运营在整个链条中的角色和工作模式

运营在整个链条中处于头尾两端，既可以是需求提出方，也可以是落地方案后的维护监控方。在对产品维护监控工作中，运营可根据定向业务指标，向设计、开发提出相关需求，并与产品策划方一同排期研发。运营在链条中的位置，如图8-4所示。

图8-4 运营在链条中的位置

图 8-4 所示的运营是对内的角色定位，对外则进行用户管理、资源对接、外包方对接等，只要是非公司内部职能的对接都属于对外管理。

用户管理：对用户的行为、消费、转化情况进行监控，及时发现用户在使用和消费产品服务中的机会点，并加以价值挖掘。

资源对接：内容资源、KOL 资源、运营位资源等，都需要运营人员充分了解投入产出比，发挥自身产品的优势去进行资源置换和资源获取，并对这些资源进行控制和管理。

外包方对接：为了更好地保证产品内容的活性，运营对于内容的产出有"数量"上的要求，例如，配图、Banner、简单文章等。出于节约公司内部人力资源的目的，团队通常会将这些工作外包给合作供应商，运营人员只需要与外包方对接输出规范和验收输出成果即可，需要高度把控内容产出的标准及一致性。

8.2　三类运营介绍

接下来，我们就三大运营的主要分类进行详细介绍，看看这三大类运营的核心目标与职能要求，设计时应该如何配合它们以体现设计价值。

8.2.1　渠道运营

渠道运营其实也是推广运营，分析不同渠道的特点和用户属性，针对性地进行推广工作（渠道：你的产品要在哪里展示给大众看，大众可以在哪里了解和下载到你的产品）。

常见的推广类型有：ASO、搜索引擎优化、广告投放、渠道合作、社交网络推广、新媒体推广、软文推广、KOL 推广等。

渠道运营的目标

渠道运营以流量为目标，基于渠道进行推广活动，以达到用户拉新和产品知名度传播。

渠道分析与定向投放

A 渠道在哪里（线上与线下）

渠道主要分为线上与线下，产品和用户在哪里接触就是渠道的所在。而互联网产品的渠道一般都在线上，随着"新零售""智慧城市"等概念的出现，产品融入硬件物联网，因此用户与实体产品的接触逐渐增加，线下的渠道也逐渐丰满起来。线上线下渠道结构图，如图 8-5 所示。

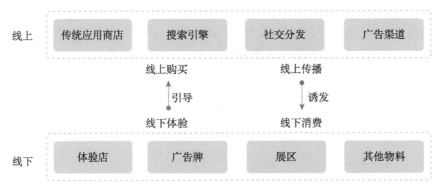

图 8-5　线上线下渠道结构图（线上各个渠道传播诱发线下消费，线下各种门店、触点体验引导线上购买）

B 线上渠道

线上渠道分为传统应用商店渠道、搜索引擎渠道、社交分发渠道、广告渠道。

传统应用商店渠道：APP Store、应用宝等手机应用商店，需要对各大商店的上架要求进行分析，把关产品是否符合上架条件。由于这是最大的渠道，用户的 APP 几乎都是从应用商店中下载的，因此运营好这一个渠道是首要任务。

设计人员在此渠道中需要输出宣传视频、宣传配图，帮助用户认识产品并下载 APP。常见的应用商店配图，如图 8-6 所示。

大家打开应用商店，点击某个 APP 进入详情页，看到的宣传图基本上是根据版本迭代设计输出的本次版本更新所添加的功能和优化功能的描述宣传图。这些配图的关键是要传递出这个 APP 的重点功能，本次迭代想要宣传的亮点，以及整体产品的品牌感。

通常配图是 APP 关键界面的截图，并配上衬托元素和突出文案，让用户能够一眼看出这个界面的重点。同时要切记，配图上不要单纯只放 APP 的截图，否则用户无法知道你想要表达的信息。

应用商店设计配图之所以重要，是因为用户还没有使用你的产品，对你的产品及

图 8-6　常见的应用商店配图

里面的界面和内容没有概念，配图是传递 APP"第一印象"的最佳契机，为了促使用户下载使用你的 APP，设计师需要精心设计和维护应用商店配图。

搜索引擎渠道：搜索引擎渠道就是大家所熟知的谷歌、百度等搜索工具，用户在搜索框内输入某产品名称，在结果列表中将会显示该产品的链接或入口，用户通常的搜索行为分为"精确搜索"和"模糊搜索"，搜索的行为和内容各不相同。让产品更高效更准确地呈现到搜索结果页，正是搜索引擎渠道运营的重要性所在。

精确搜索指的是用户毫无错误地输入产品名称，目的明确地搜索该产品。而模糊搜索则是用户输入错误产品名称、竞品名称、品类名称或者与本产品有关联度的关键词，没有准确目的地进行搜索。搜索引擎根据广告收费、相关度、关键词分解等展示搜索结果，运营人员需要尽可能覆盖模糊搜索的场景和可能性，增加产品在搜索结果中的曝光度和诱导用户点击查看。

在这一块，需要配合关键词进行文案和配图的设计，通常需要考虑到不同搜索引擎配图尺寸和像素的不同，分别对不同的结果列表结构进行设计和适配，而这块对设计人员的创造性、宏观视角的能力要求较低，属于入门级设计范畴，目前也有很多人工智能设计工具可以满足这一块的设计需求，减轻人力成本。不同的搜索结果列表结构，如图 8-7 所示。

图 8-7　不同的搜索结果列表结构

社交分发渠道：社交分发渠道在中国内地比较常见的是微博、朋友圈，通过运用用户之间的关系链来进行产品的推广和传播，提高"人"的传播力所带来的曝光效益。

目前运营采用较多的社交分发渠道运营方式为与头部用户、意见领袖（KOL）的合作，共同输出针对本产品的测评内容、分析推荐等，利用粉丝效应对下层用户进行传播和渗透，得到二次传播甚至三次传播的可能性。

用户分层为金字塔形状，如图 8-8 所示，顶端是人数少的头部用户，他们有话语权，能引导一些"风向"。接下来是中 / 腰部用户，这部分用户具有极大消费潜力，或者对产品非常依赖，他们的可挖掘性很高。而大众普通用户则是我们所说的普通用户，他们使用产品但没有明显的消费特征，为产品贡献的附加价值不多，这部分的用户人数比较多。最后是边缘用户，也就是没有接触产品，或者只听说过产品的用户，他们还没被转化，或者用过一两次产品后就离开了，需要我们更加精准地抓住他们的需求。

KOL
头部用户

中/腰部用户

大众普通用户

边缘用户

图 8-8　用户分层

例如，在微博上很多网红博主会测评零食，向粉丝推荐零食商品，这就是典型的 KOL/ 头部用户通过自身的影响力去传播信息，带来商业效益。

广告渠道：广告渠道与传统应用商店、搜索引擎、社交分发等渠道有所交集，只要是任何以广告售卖方式展示的产品内容都可以归类为广告渠道。

运营通过与不同的广告落地方合作，购买广告位，对不同地域、年龄等用户进行分析，精准定向地对用户投放不同的广告样式和广告内容，加强广告对他们的吸引力，引导用户点击查看并下载使用产品。

最常见的广告样式有 Banner、闪屏、暂停贴片、视频广告等，类型非常多，根据广告落地方的规范和产品结构来定义。基本广告样式罗列，如图 8-9 所示。

图 8-9　基本广告样式罗列

设计在广告渠道运营这个范畴中，可以发挥的空间非常大，需要对不同属性的用户进行分析并输出对应的设计，例如，同样是推广一个电商类 APP，在广告设计中需要针对年轻人、中老年人进行设计偏好分析，年轻人可能需要突出活力、破格的设计感，而中老年人可能需要突出可靠、简单的设计引导等。必要的话可以输出多个方案，针对同一个群体投放多个设计方案，测试一段时间，从中选出最优方案进行全量投放。

多方案验证法（AB test）是互联网产品最基础最常用的验证手法之一，团队时常会对好几个方案都拿不定主意，不确定哪个方案才是效果最好、用户最希望买单的，因此需要多个方案同时投放给一小批用户（灰度用户，通常是 10% 的用户），通过这一小批用户的使用情况来判断方案的好坏，如图 8-10 所示。

C 线下渠道

线下渠道主要涉及门店、体验展区的设计，此处跟服务设计相关，设计师需要根据人流量、接触点、产品调性等方面，全方位设计空间的体验，这个部分在本书的第 10 章会详细介绍。

一般来说，互联网产品做到成熟期的时候才会开始迈入线下体验的思考和拓展，除非这个互联网产品与硬件产品强绑定，例如，APP 操纵的手环等，否则不需要一开始就考虑线下实体与用户的接触。

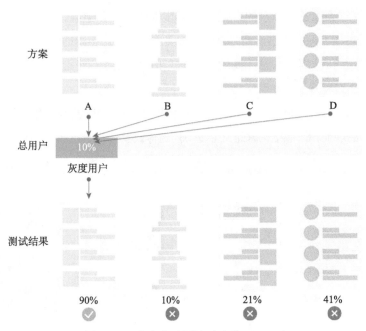

图 8-10　多方案验证法（也称 AB test）

如何获取流量——活动运营是普遍的手段

这里的工作内容会跟营销、宣传非常接近，都需要通过对市场的洞察和用户的分析，来选择对应的营销手段，一般来说都会将这些手段包装成活动，结合热点爆点，在用户群中得以呈现和传播。

但要注意热点事件往往消退得很快，对于这种无固定时间的策划，一定要保持高度敏感，同时也要注意利用情感倾向，不要弄巧成拙。热点分类列举，如图 8-11 所示。

热点	举例
民生类	与我有关的话题，生老病死的话题，等等
公益类	环保，支教，老人，儿童，宠物，等等
娱乐类	明星八卦，热门参与，笑话段子，等等
敏感话题	权利，金钱，等等
技术趋势	VR 技术，人工智能，科技公司新品发布，等等

图 8-11　热点分类列举

而营销手段比较适用于社交分发渠道等这些创新空间大的渠道中，这类运营统称为活动运营。

病毒传播

病毒传播在于打造话题性强，人们参与度高的内容和产品，通过用户之间的转发分享形成裂变，从而达到指数级的传播效应。

比较出名的病毒传播案例有支付宝的抽锦鲤，利用话题性高、高价值的奖励为"病原体"，微博的社交属性为传播载体，诱发了一轮网络热议。从支付宝的微博粉丝扩散到外围的微博用户，用户自主传播，成就了支付宝锦鲤活动的现象级效果，如图 8-12 所示。

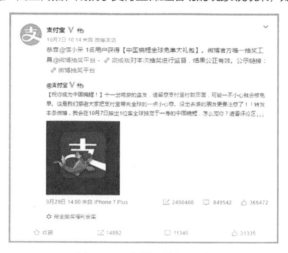

图 8-12　支付宝锦鲤活动

事件营销

事件营销基于某个社会新闻、热点，以"搭顺风车"的概念去打造与此相关的营销活动，接地气的说法为"蹭热度"。

杜蕾斯是事件营销做得最出色的公司之一，每每有娱乐重磅新闻、体育赛事头条等，杜蕾斯都能够结合自身产品的特点和本次事件的核心内容，设计相关海报与文案，引发网友们的围观和热议，如图 8-13 所示。

当然活动运营可使用的营销手段还有很多，需要在策划阶段就考虑清楚本产品的调性和本产品处在哪个时期，否则运用了不恰当的方法会大大降低用户的积极性，以及带来不平衡的投入产出，严重的甚至会影响产品在用户心中的定位，落下不良结果。

与设计的配合体现

渠道运营与设计的搭配非常密切，通过设计去提高信息的传播效率，在用户对产品还没有认知的情况下尽可能触达用户，提高 APP 的下载量。

图 8-13　杜蕾斯事件营销案例

活动运营上线步骤，如图 8-14 所示。

图 8-14　活动运营上线步骤

第一步：准备阶段

活动策划前需要明确活动的需求，其中包括：目的、目标群体、平台、机会点。

首先要明确活动的目的是什么，一般来说每个活动至少服务于一个核心目标，例如，品牌推广、拉新、促销、提升活跃度等。

然后确认本次活动的目标群体，当产品具有一定量级后，很难覆盖全部用户，针对不同的群体输出不同的设计，精准性更高。

最后要确定平台或者渠道。不同的平台或渠道活动形式也有差异，投放的平台或渠道是社交类的，还是新闻类的，或是电商类的，都需要提前做好调研和分析。

通常我们会将活动的目的量化为数据指标，并且作为最终判断活动是否成功的依据，例如，是否达到四千万的曝光量等。

第二步：策划阶段

明确了需求，接下来就要策划完整的活动了，此时要确定具体的活动时间、活动内容、完善活动规则、文案及活动流程、确认奖品及推广资源，等等，策划方案时应该注意以下几点。

流程简单，文案清晰

活动的操作流程应该简单直接，跳转不宜过多，活动规则要简明易懂，不需要用户花太多时间去学习和研究这是什么活动及能够直白地看到活动为自己带来的好处。

文案描述清晰，不啰唆，不要产生歧义。

吸引力

活动需要具备较高的吸引力，可以是具有趣味性的互动，也可以通过诱人的奖励来吸引用户参与，设计界面时要突出用户通过这个活动能够得到什么，或是完成他们更深层次的价值需求。

例如，签到打卡活动，能够让用户直观地看到每天签到能获得的好处，最后完成全部任务能够获得的奖励等。

适时反馈，精神激励

用户操作后要及时给予反馈，告知用户操作成功，比如签到后显示的签到成功与正向鼓励反馈。同时活动页面要与本次活动主题匹配，传达相应的氛围。

第三步：执行阶段

活动上线后要做好以下三个工作。

客服跟进

在活动期间往往会产生大量的咨询信息，因此在界面中需要有明确的客服引导或解决问题的方法提供给用户，第一时间解决用户疑难，平息用户情绪。

数据监控

根据监控得到的数据随时调整以保证活动质量和预期。

公布活动结果和进行活动善后

例如，抽奖活动的奖品发放，防止活动有头无尾，欺骗用户。

第四步：总结复盘

活动结束后的总结工作也尤为重要，通过用户参与情况和数据来判断活动是否达到了目标，总结活动经验，提炼亮点和失误，为下次活动做准备。

活动总结报告一般以 PPT 或者邮件方式呈现给上级和团队分享用，每次项目活动都要做总结，这样能够帮助自己提升缺陷，在年底汇报或晋升时有足够依据，快速复盘。

8.2.2　用户运营

用户运营的职能是专门针对用户和关系链进行的维护、机会挖掘工作。此部分可以概括为三类：用户自身、用户之间、用户与产品间这三种关系。接下来我们会详细分析这三种关系的含义和具体模型。

用户运营的目标

以用户增长、活跃、留存为目的，负责对用户进行运营管理，甚至形成关系链生态，让产品不仅仅局限在"工具"，而是能够进化成一个用户无法脱离的网络。

用户自身——用户成长体系

对于用户自身而言，用户在产品内的数据产生、消费到沉淀，都能够绘制成一个完整的用户生命模型，如图 8-15 所示，这个用户在产品中的成长路径是怎么样的，他正处在生命期的哪个阶段，关注的首要内容是什么，运营能够从他身上挖掘到什么价值，这些都能够通过这个用户的数据进行判断及分析。

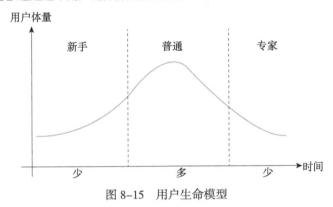

图 8-15　用户生命模型

一个完整的用户生命模型由新手用户到普通用户，再到专家用户，而用户在整个模型周期中，都有流失的可能性。

新手期的用户初来乍到，面对陌生的产品和功能，需要快速认知和学习，运营在这一块需要精确找到用户来使用 APP 的目的，再通过他点击了哪里，使用了什么功能服务，将他的用户轮廓大致勾画出来。

在新手期中，促进用户注册登录，成为产品的潜在价值用户，是非常重要的运营目标，设计师需要配合运营人员挖掘在合适的时机可以转化的注册用户，为更多的变现服务，也为形成用户体系打下基础的一步。

到了普通用户期，用户开始熟练使用产品大约 20% 的主要功能，并且对产品的形态已不再陌生，此时如果仅仅让用户在产品中"野生发展"，用户可能只满足于某个基本需求被解决的程度，如果有其他更好用的同类产品或者被好友推荐到其他产品去，那么迁移的可能性很大。

　　运营人员在这个阶段需要开始建立和维护产品的用户积分体系，用更多活动和正反馈的手段让用户在产品中得到好处，或者使用会员 VIP 等级将用户之间拉开级别差距（见图 8-16），为培养更高级的有价值用户做通往金字塔尖的道路。

用户类型	基础功能	无广告	一对一服务
普通用户	●	–	–
VIP 用户	●	●	–
超级 VIP	●	●	●

图 8-16　用户等级划分（用户等级越高，享受的服务越珍贵）

用户之间——关系链形成与维护

　　社会关系分为亲密、普通和陌生三个级别。

　　亲密关系：可以衍生出情侣、家庭、密友之间的玩法，以及通过圈定关系，从而加强小群体效应。例如，家族群、姐妹群等，这类群体的传播效果非常好，通常一个人"安利"一件商品，很快就会得到回应，如图 8-17 所示。

图 8-17　家族亲密关系（图片来源于网络）

　　普通关系：就是大家常说的"点赞之交"，这类用户私下不会有太多交流，只保持着相互认识的关系，在微信里尤为常见，如图 8-18 所示。由于用户需要在这类关系中形成一定的"人设"，因此得到这类关系人群的认可对用户来说也是尤为重要的，因此就演化出了类似排行榜、点赞等以巩固用户认可度的玩法功能。

图 8-18　普通好友关系（图片来源于网络）

陌生关系： 值得一提的是陌生关系，这里可以分为两个方向。

第一个方向是对陌生人的好奇心与社交的方向，可以根据人的社交需求，去帮助结交想要认识的人，或者搭起交流平台，也就是我们所说的陌生人社交。陌生人社交需要注意安全性和隐私性，也不可触犯相关法律条规。

第二个方向是用户特征方向，结合大数据的算法，运营可以对一群互不认识的用户进行推算，得出不同类别的用户圈层，针对性地推荐和运营相关内容。例如，利用大数据来分类，可以将电商产品的用户分为客单价高和客单价低两个群体，然后针对性地发放福利，给客单价高的群体发放满多少元减多少元的福利，给客单价低的群体发放 10 元内的代金券等。

可见，陌生关系不需要用户间相互认识，只需要共同拥有某些特征，运营人员就能利用这些共同特征去设计相应的运营策略。

在熟悉应用这些社会关系之后，配合当下的产品诉求和目标，可以针对性地加强运营推广，例如，当前运营目标是激活沉默用户（沉默用户指的是之前注册登录过，也使用了产品一段时间，但后面失去了对产品的兴趣和热情，逐渐降低使用频率甚至不再使用的用户），这时候通过亲密关系链的属性，并给予合适的奖励，让还在使用产品的用户自发地把身边的好友家人拉回产品。

作为用户运营人员，最重要的是盘活用户之间的关系，即使一开始平台的用户间并没有形成关系，但为了后续的发展，需要引入什么样的用户关系、形成怎么样的用户社区，都需要运营从长计议。同时，没有活力的用户社区是失败的，活力在于用户是否互动，用户内容是否有传播和议论的价值，运营在其中作为"催化剂"，要促进社区持续保持良好活力。

用户与产品间——用户类型

根据用户在产品中的行为，可以细分为非常多类型的用户，这些用户可能根据产品的功能划分，也可能根据产品的目标划分，他们都有各自的属称，下面我们来介绍一些常见的用户类型。

KOL： 指的是头部意见领袖，一般来说这些用户都是顶级的专家型人才，在这个领域能够发起话题及有一定引导性，普通用户会受到他们的影响而做出决策，也会非常渴望跟他们进行接触和交流，更厉害的 KOL 甚至有自己的粉丝团后援会，会衍生出一个私域流量池，池子里都是能够为自己买单的粉丝用户，用于做变现的升级。

付费用户： 顾名思义，付费用户是在产品中通过付费而购买商品或者服务的一群用户。由于互联网产品几乎都是免费的，进入的门槛很低，用户享受着基础的免费产品功能，一般来说产品的初期几乎不赚钱，需要不断去探索变现商业模式，付费享受更好更优质的服务就是其中的变现方式之一。

用户通过付费购买商品和服务，成为了对平台做出价值贡献的一类人群，运营人员需要筛选出他们，将其划入"有价值用户"的范畴中，重点分析他们的喜好、体验、情感，从而挖掘更多服务机会点，提高二次付费和持续付费的可能性。

与设计的配合体现

设计师有天然的用户意识，从用户分类到用户体验，因此和运营人员配合的时候，需要保持较高的敏锐度，做好用户分层和属性判断的工作，获取用户标签，为 AB test 做更准确的判断。

8.2.3　内容运营

内容运营是对产品内产生的信息和文章进行输出、评审、管理等的工作。内容是用户在产品中最直接接触到的信息，好的内容可以让用户对产品更加依赖，也是拉长用户的使用时长，挖掘变现机会的一个基础。

一般来说内容可以分为自产 PGC 和用户生产 UGC，团队的内容运营人员在人力资源有限的情况下会接入外部资源辅助生产内容，或者联合专业内容输出写手，满足产品对内容量级和质量的需求。

因此，内容运营的大致工作流程，如图 8-19 所示。

| 内容生产 | → | 评审内容 | → | 发布内容 | → | 维护内容 |

图 8-19　内容运营工作流程

内容运营的目的

以提高内容数量和质量为基础目的，最终通过优质内容留住用户。

内容生产方式：UGC、PGC、PUGC

前面说到内容生产方式有自产 PGC 和用户生产 UGC，自产 PGC 也就是运营团队输出的更有针对性的内容，例如 APP Store 的首页推荐文章。

而用户生产 UGC 则是用户自发产出的内容信息，例如微博、朋友圈内容等。PUGC 则为两者的结合，在成熟的 APP 中比较常见，既有官方团队输出的信息，也有用户社区自发输出的信息，整体的生态更加坚固，需要的资源和运营维护成本也更高。

下面来详细介绍一下 UGC 和 PGC。

UGC（User Generated Content）：用户自产内容和社区的关联度非常高，通常是用户自发形成的，比如 keep 里面的运动心得分享、每日打卡日记等。当然 UGC 的自由度非常高，不排除用户自发的内容与本产品无关，因此这个尺度需要运营监控把关，假设产品希望打造一个生态性强、话题包容度高的社区，那么用户的发言内容就不应受太多局限，例如，微博，如图 8-20 所示。而假如产品希望引导用户往产品圈定的范畴发展，那么将会有较严格的筛选曝光机制，过滤掉与平台无关的内容，例如，电竞社区等。

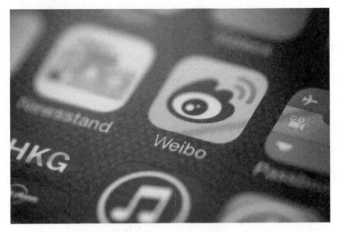

图 8-20　微博是中国最大的 UGC 平台之一（图片来源于网络）

　　当然法律的底线是必须要严格捍卫的，运营需要时刻警惕 UGC 自由带来的负面言论影响，通过辅助机器筛选来过滤掉非法内容。

　　PGC（Professional Generated Content）：平台官方发布的内容统称为 PGC，指为专业度高、与平台密切相关、有定向引导作用的内容，这也是内容运营的基础。当一个产品还没形成社交关系或者圈子的时候，没有提供给用户自产内容的功能，那么维系平台内部系统活性的最主要手段就是运营 PGC 内容。

　　例如 APP Store 的推荐首页，因为 APP Store 除了评论之外没有提供社区，因此所支撑它内容运作的是内部小编定期生成发布的 APP 推荐文章与集合，这样既保证精品推荐的产出，又能够有目的性地促进 APP 的下载，如图 8-21 所示。

图 8-21　APP Store 中的推荐内容

　　PUGC：顾名思义，这是前两者的结合，既有运营官方发布的内容，又有用户自产内容。运营官方发布的内容要确保平台的稳定和高品质，用户自产的内容要确保平台的丰富性和自由度，相辅相成以达到较高的用户黏性。

另外值得一提的是内容的载体形式。

传统的内容载体有图文、长视频、音频等，而近年来，短视频的形式越来越流行，短视频行业迅速发展起来，以抖音、快手为主的短视频平台越来越热门，而在各大产品中，也逐渐嵌入了很多短视频功能、频道、专区等，用户不仅可以在产品中看到图文信息流，也能看到更多短视频内容，如图 8-22 所示。由于短视频的精、短、小特点，快速抢占了大量用户的注意力，也为产品拉长用户使用时长起到了非常好的效果，让用户可以在产品上不间断地消费短视频内容，是当下非常多内容运营的主力点。

图 8-22　短视频 APP（图片来源于网络）

设计师需要紧密结合时代趋势，在短视频载体盛行的背景下，输出的设计可以考量更多动态和故事展示效果，人们普遍会被动态的内容吸引眼球，例如，动态宣传视频、动效广告等，因此专研动效、视频拍摄，也是设计师增值的一个方向。

内容精准推荐

用户接受产品平台信息有主动和被动两种，主动的方式主要有用户关注的内容和搜索的内容，而被动的方式有机器算法推荐和 PGC 推荐两种，机器算法推荐是在海量的信息中根据用户标签和内容标签的匹配度进行内容分发，PGC 推荐则偏向于全平台发放运营团队输出的内容。

如果想要做到精准投放，机器算法是目前最主要的手段之一，下面我们来详细介绍一下。

首先运营人员有目的性地将用户分类，这些分类是服务于某个运营目标的，例如，按照年龄层划分，然后机器通过用户自己输入的年龄信息，或者在 APP 中浏览的行为信息，判断这个用户的类别，进行类别标签的标注，这样就完成了简单的用户标签划分。接下来，运营团队会对接外部资讯或者内容输出者，产出海量内容，每篇内容都会被标记上一个类别，当这篇内容的类别和用户的标签匹配时，这个用户就会看到这篇内容，而过滤掉与自己标签不匹配的内容，如图 8-23 所示。这就是精准推荐的基础模型。

用户标签的定义和内容类别的划分，是内容运营最重要的工作内容之一，由于现在的互联网阶段已经到了信息过载的时代，用户注意力被分散，不会像门户时代一样花很多时间沉浸在海量资讯中，因此谁能打中用户，谁能更匹配用户的喜好，就能够在繁杂的互联网信息中脱颖而出。

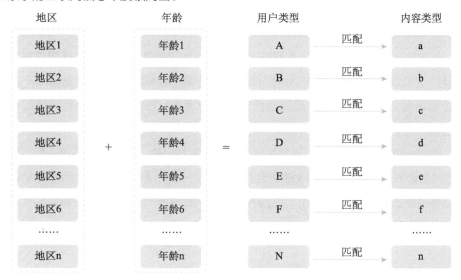

图 8-23　精准推荐基础模型

思维模式：传递信息→接住用户→价值沉淀

想要做好内容运营工作，需要培养的思维模式是通过渠道运营打开流量的口，用户进入产品中，通过内容运营来传递有价值的信息，用有价值的内容接住用户，当用户对产品逐渐产生依赖，被产品内容逐渐转化之后，才会愿意花时间待在这里，形成稳定的留存。最后仅仅满足用户留存是不够的，当其他平台也能提供同样的甚至是更多更好的内容时，用户迁移的可能性会增加，因此最后的价值沉淀是不可缺少的，通过培养用户成长，授予用户荣誉，触达用户更高级的价值需求，才算是内容运营的最终成果，如图 8-24 所示。

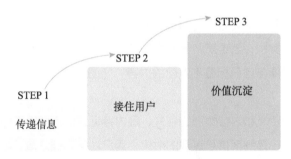

图 8-24　内容运营思维模式阶梯

与设计的配合体现

在内容运营中，设计人员需要配合运营人员输出高质量、符合目标用户审美的设计，不论是文章配图、Banner 配图、文本页面的架构设计等，都要与本产品的调性相符，与产品功能一起传递合适恰当的理念，在用户心中建立准确的心智模型。

例如，如图 8-25 所示的运营图，可以看出视觉风格、构造等都是统一的，并且配图内容能够传递出题目"Vlog 拍摄新手指南"的主题，配图可以通过手绘风格实现，也能够根据要求使用其他风格，切记需要和内容保证统一调性，如果一篇针对儿童的内容，使用了商务风格的配图，就是不符合调性统一的。

图 8-25　内容运营设计案例

8.3　产品生命周期与运营节奏

传统运营和现在的运营关注的目标不同，我们知道，在互联网的上半场，以"流量"为主，一款产品从设计到开发落地，通过各种营销运营手段进行吸量，争取到尽可能多的流量资源，这也就是为什么上半场的运营会更加偏向于渠道运营、新媒体运营、SEO 运营等。

而在互联网的下半场，产品同质化的趋势让用户流失越来越严重，用户更换产品的成本也逐渐降低，如何留存用户成为了运营更加首要的目标，才会开始衍生出更多的社区运营、粉丝运营、内容运营等，让产品除了"壳"之外，有更多的数据沉淀和关系链沉淀，提高用户更换与离开产品的门槛。产品生命周期曲线，如图 8-26 所示。产品生命周期与运营重点，如图 8-27 所示。

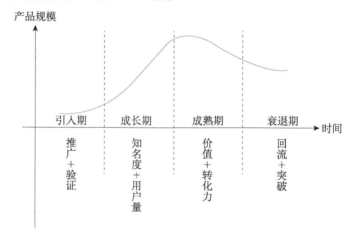

图 8-26　产品生命周期曲线

图 8-27　产品生命周期与运营重点

对此，在设计侧，设计师会面对各类运营需求，首先需要分析产品当下的阶段和首要指标，例如，当前是以转化力、用户留存时常、用户新增量为主，还是以传播率为主，分解运营需求的真正目的是想要达成怎样的目的效果，才能够赋予真正的设计价值。

8.3.1 引入期

这是产品的初创阶段，运营人员着力于推广产品，验证产品方向，进行基础的产品维护。

例如，在2019年1月15日字节跳动发布的聊天APP——多闪，如图8-28所示，它是基于抖音的内容和社圈衍生出来的聊天软件，主打年轻人为主的小视频聊天软件。这款产品刚推出上线，就处于这款产品的"引入期"。

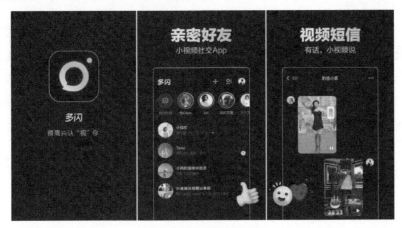

图 8-28　多闪 APP

引入期是产品快速萌芽的时期，是 0 到 1 的阶段，产品还在探索之中，大多数产品都无法撑过这一段时期。这段时间在产品侧需要快速迭代完善功能，而在运营侧则需要在大量渠道上推广 APP，快速得到传播度和知名度。

在引入期期间做渠道运营，首要注意的点就是渠道的"冷启动"，前期由于团队的资源不足，尤其在没有获得雄厚资本投资的时候，要非常注重投入产出比。引入期的渠道冷启动需要运营人员去挖掘免费渠道、用户体量大的渠道、有核心话语权用户的渠道等。合理合适地找到产品的第一波用户，为后续的用户发展和品牌传播做好准备。

那么冷启动应该怎么做呢？这里给大家举一个例子是最近比较热门的小游戏——动物餐厅，动物餐厅在短期内获得巨大成功，33 天到手收入超千万元（网络数据），除了玩法本身的原因，做好冷启动工作也非常重要。这类卡通可爱型的经营养成类游戏，说实话受众圈非常小，但能够得到大众一致的良好反响，离不开"核心传播者"的功劳。

在《引爆点》一书中，提到一个重要的概念是"个别人物法则"，意思是一个产品或内容想要受到流传和引爆，第一步是需要找到接受这个产品的核心人物，他们是这个产品或内容的直接受众，接受这个产品并为其买单背书，愿意将其分享给身边更多的人。

在动物餐厅中，首批用户因为经营餐厅和游戏剧情的需要，如果想要获得额外奖励或继续游戏，需要将游戏分享给好友，他们在游戏中投入了精力，成为了游戏的核心用户，为了得到更高的成就，分享就有了底层驱动力。

有了这一批"核心人物"，动物餐厅一圈圈地向外扩展，加上多变的奖赏，不断提高玩家分享的动力，才有了后来如此优秀的成绩，如图 8-29 所示。

图 8-29　动物餐厅分享裂变

如图 8-30 所示，这种冷启动的方式，通过用户间的裂变，降低了拉新的成本，提高了拉新的成功率，在团队没有雄厚的资源支持的情况下迅速得到验证和获得用户，在行业内是一个典型的成功案例。

图 8-30　获取首批核心用户，再通过社交裂变覆盖更多用户

8.3.2　成长期

这一阶段产品有了某些前进的方向，运营人员需要在这段黄金期快速获得大量用户，将用户引导进产品，体验产品，使用产品。此阶段最核心的工作是需要关注用户

在各个阶段的转化率，尽可能地降低每个阶段流失率是运营与设计共同需要发力的。

因此在成长期，针对用户运营，需要密切关注 AARRR 漏斗模型。AARRR 是 Acquisition（获取用户）、Activation（激活用户）、Retention（留存）、Revenue（变现）、Refer（推荐）这5个单词的缩写，分别对应用户生命周期中的5个重要环节。

接下来剖析 AARRR 模型的每一个环节，当这个漏斗模型真实地与你的项目和工作进行对照时，你就能够发现很多可优化的机会点。

Acquisition 获取用户

Activation 激活用户

Retention 留存

Revenue 变现

Refer 推荐

图 8-31　AARRR 模型

获取用户： 首先是获取用户，也就是流量的入口，这个部分在引入期时，产品应该有一定的资源积累和熟悉获取用户的方法及渠道。当用户大量流入产品中，用户可以在产品中进行浏览、使用某些免费的服务和功能，例如，一款电商类 APP，获取用户之后，用户可以在这个平台中浏览商品，获取商品信息，大致对这个 APP 有了初步的认知。

激活用户： 当然也不缺乏有些 APP 需要用户先登录才能够使用，例如，印象笔记，需要注册登录账号之后才能够浏览和使用笔记功能，这就涉及激活用户步骤了。

激活用户顾名思义就是让进来的"好奇看看"的用户，变成对本产品有价值的用户，鼓励用户注册登录，或者提高用户活跃度，让用户在产品内逗留更长时间等。这里的价值，需要整个团队一起去定义，并向这个共同的价值目标去达成激活用户的目的。

留存： 在下载使用 APP 的头几天或几周用户非常活跃，也享受了产品提供的一些功能，但由于有其他替代品、没有产生更强烈的兴趣等原因，用户已有一段时间都不使用本产品，甚至于卸载产品，这就属于"用户流失"了。为了确保用户持续、长期、活跃地使用产品，这个阶段需要关注用户的留存情况，可以通过次日留存、七日留存、月留存等时间维度去衡量。

变现：当用户长期且稳定地留存在 APP 内，这时候这部分用户可以被运营人员划分为"潜力用户"，也就是他们在持续使用产品提供的服务时，很大可能会被一些有价值的服务打动，从而产生付费行为，也就是模型里面的"变现"一环。

首先需要团队梳理清楚自己的商业模式，想清楚自己是靠什么服务或功能赚钱的，这样才有一个明确的变现方式。运营人员需要通过奖励、活动、积极反馈等方式，去促使用户变现，实现真正意义上的商业收益。

推荐：用户已经在你的产品中有了相应的付费行为，说明用户已经接受并且认可你的产品价值，当用户长期稳定地对 APP 的内容或者商品进行消费，那么也是他成为核心用户的时候。核心用户对这个产品会有一定程度的共鸣，对这个产品和品牌有一定程度的认可，因此让他们将你的产品推荐给身边的人，会达到比团队自己去做宣传的效果更好，这就是我们普遍常说的"口碑传播"。

例如，住宿预定 APP 爱彼迎（Airbnb），上线 3 年后一切趋于稳定，核心功能的体验非常流畅，公司的服务能力也能承接更多的用户同时来爱彼迎上产生消费。爱彼迎随后推出了一个运营功能"邀请好友获得代金券"，在用户使用过产品后，对产品产生认可度，并分享给好友，将好友也拉来使用这款产品时，爱彼迎就会给这个用户反馈相应代金券，鼓励用户的同时，为产品低成本地带来一些潜在用户，是个双赢的模式，如图 8-32 所示。

图 8-32　Airbnb 邀请好友

给大家剖析完 AARRR 模型的每个阶段之后，我们回看整个模型，它就像一个往下漏的漏斗，每到下一个阶段用户一定或多或少会有流失，也就是上一个阶段的用户，不会百分百地到达下一个阶段，在这里称为"流失率"。而运营，或者说整个团队的伙伴，都需要考虑如何降低流失率，将上一个阶段的用户尽可能多地导流到下一个阶段上，让漏斗的下端越来越宽，而不是越来越窄。

8.3.3 成熟期

在成熟期，用户数量的增速开始放缓，体量接近于天花板，如果继续局限在流量拓展上将会入不敷出，需要大量成本。因此运营人员的目标会转移到用户价值上，往深处挖掘平台已有的每一个用户能够贡献的价值，例如，用户的时长、留存、转化力等。

这里可以理解为需要加强 AARRR 模型的"留存""变现"环节的同时，需要拓展每个用户更多的价值，将一个用户当多个用户去看待。

"将一个用户当多个用户去看待"怎么理解呢？传统意义上来说，我们看待一个用户会发现他身上有某个符合我们产品目标的需求，然后我们去满足这个特定的需求。但人并不是同时只有一个需求的，而一个产品在发展到成熟期时也不是只能解决一个需求，此时成熟期的产品已经建立起自己的生态模式，为用户提供一套服务流程而不是解决某个单一需求。

因此，我们要学会拆解单个用户身上的各种需求，然后匹配到自己的产品当中去。例如，微信在成长期时满足了用户的聊天需求，但进入到成熟期，微信演变出了微信支付、搜一搜、微信公众号等服务，形成了一整套基于互联网行为的生态系统，也满足了每个用户的不同需求，例如，付款需求、搜索需求、阅读需求等。

成熟期的微信完善了整体生态，如图 8-33 所示，细分出各式各样的功能服务于用

图 8-33　微信生态

户的生活和工作，成为了中国最重要的即时通信工具之一，对此我们可以学习到，在成熟期运营人员需要不断探索用户对什么东西产生兴趣，对用户、内容进行更细颗粒度的分层，满足更细更小的需求，整合起来就是一个非常大的机会。

8.3.4　衰退期

这一阶段中，新产品或者替代品出现了，用户数量和营收都呈现下降趋势，用户流失严重，产品转化力下降，因此做好用户回流工作，挖掘更多价值方向和创新突破点，是运营人员的首要目标。

市场上不缺乏衰退期的案例，例如，诺基亚、摩托罗拉等曾经辉煌的巨头，而像微软这样的巨头在移动互联网时代来临时就是没有积极应对变化并抢占下一个突破点，错失了与谷歌在互联网地位上的抗衡。因此泛科技行业（包括互联网行业）的公司或从业者，需要时刻保持警惕与创新突破的勇气。

衰退期最典型的一个案例就是 QQ 农场，如图 8-34 所示，曾经全国网民都为"偷菜"而起早贪黑，但随着移动互联网的到来，大家都把注意力转移到了手机游戏上，整体行业进行了一次大转移，因而 PC 端的游戏受到了严重的打击。渐渐地，参与偷菜的网民越来越少，QQ 农场迎来了衰退迹象，团队为了更好地存活，需要寻找到新的突破口，因此顺应移动互联网的趋势，QQ 农场也推出了手机版，力争将战线转移到移动端上。

图 8-34　QQ 农场

在此期间，QQ 农场派了 3 个外包人员按每两周一个迭代的速度，研发种子和果实，让用户不停有新的种子可以种，从而尽量延缓用户的流失。

可惜不是所有计划都尽如人意，移动端上由于场景更灵活，使用更方便，许多不同玩法的游戏爆发式成长，用户有了更多游戏的选择，偷菜的概念和玩法也被很多游戏借鉴甚至创新，因此越来越多的人不再记得 QQ 农场，以及自己的"菜园"。

8.4 运营与其他职能的区别

8.4.1 产品策划

产品策划更多偏向于策划和规划这个产品的框架和功能，如何开发到落地，验收落地成功并不断迭代功能，我们会叫产品策划为"产品经理"。

与产品运营最大的差别在于产品策划更像是房屋建造者，偏向于房屋本身的功能性和基础性的开发，也就是这个房子需要有基本的电梯、大堂、楼道等，以及大堂用来干什么，电梯用来干什么，等等。

而产品运营像是房屋的维系者，这个房屋每天的运作情况如何，多少人进来多少人出去，每个人逗留的时间是多少，如何能够在房屋里面添加其他元素，达成这个房子的使命等。

两者是相辅相成的，产品没有运营则会是一个单调无聊的工具，产品没有策划则无法构建基础的功能和服务。

8.4.2 品牌策划

品牌策划是针对产品和公司团队的目标，对外输出一种价值观和概念，让用户（顾客）能够感知到产品传达的调性魅力，甚至愿意为其溢价消费。

在运营的工作中，会涉及品牌传达的一些内容，传达产品的品牌是运营活动的重要目标之一，例如，如何结合产品年轻的特点，打造一个健康活力的社区生态等，可以以品牌分析和理论为参考和支撑，最终需要达到运营对社区建设、内容生产、产品功能维护等目的。

8.4.3　市场营销

市场营销和运营都会用一种最常见的活动手段来达到某些阶段的目的，这就是 H5 活动。所谓 H5 活动，就是结合热点、事件去展示某些好玩的、创新的想法，从而为产品导量，增加产品曝光率和知名度。

市场营销的出发点会更加站在整个行业的洞悉上，察觉大众对本行业的反响与行为，促成用户、产品、行业三方的良性互动。

8.4.4　数据分析

运营需要密切关注数据，例如，埋点数据和用户的行为数据。想要发现产品运营问题之所在，通常要在产品数据和用户数据两个维度进行分析。

产品数据分析

- 营收数据：付费用户数、付费转化率、付费金额、付费频次等。
- 功能数据：每日评论数、每日转发数、收藏量等。

用户数据分析

- 用户基础画像数据：性别、地域、年龄、学历、职业、设备、消费行为等。
- 用户注册：包括下载量、注册激活用户数、APP 打开率、新增用户等。
- 用户留存：留存率、使用留存、购买留存等。
- 用户活跃：活跃用户数、注册活跃转化率、APP 启动次数、访问频率、浏览时长、停留时长。

而数据分析这个职能更加偏向于数据挖掘和加工，在杂乱无章的原始数据中发现规律，通过数学理论得到共性规则，导出可服务于产品的理论支撑。

本章思维导图

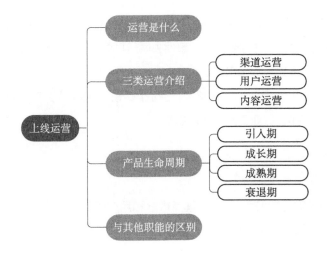

小思考

1. 你能分清楚推广运营、用户运营、内容运营三种类型运营的重点目标吗？

2. 在不同类型的运营工作中，设计师应该如何配合运营输出产物？

3. 找几款 APP，分析它们的签到活动有什么不同，为什么？

4. 同样是做一个抽奖活动，用户在产品中完成指定任务即可抽奖，那么一个上线半年的产品和一个已经运作了三年的产品，应该如何区分这个抽奖需求，并对其进行设计呢？

思考 TIPS

首先，先问一下自己"为什么要做抽奖"。

抽奖是一种用概率事件为用户带来刺激感和反馈激励的手段，那么什么产品需要采用这样的手段？除了抽奖之外还有什么方式呢？

如果这里设计师能够分析并找到更好的"刺激与奖励用户"的方式，那么命题就不一定局限在"抽奖"，此处可以体现出更多设计价值，但为了不发散，我们依然以"抽奖"为主。

其次，上线半年的产品其用户体量到达哪个程度，与所在行业的天花板相比还有多少空间，由于是前期产品，因此产品的知名度、传播性和新增用户可能是本次抽奖活动希望得到的本质效益，因此设计师在设计流程和玩法的时候，不能仅仅满足已有用户抽奖得到奖励即为终点，永远要多思考一步，看看设计能够帮助运营到达的最远目标是什么。

如果是上线运作已经三年的产品，一定程度上来讲已经比较成熟，对于抽奖的需求可能会有先例和开发代码资源，所以假设本次抽奖的目标及玩法与先前类似，则可复用之前的流程，降低开发成本。但依然需要再次分析本阶段的运营诉求，用户是否在产品内开始建立联系，用户对内容的消费能力等，本次的抽奖活动能否为圈住用户做更深一步的玩法，获得的奖励反馈是否能对用户留存和忠诚度带来更好的帮助。

参考资料：

网易传媒设计中心 . H5 匠人手册：霸屏 H5 实战解密 [M] . 北京：清华大学出版社，2018.

[美] 希思 . 丹·希思 . 让创意更有黏性 [M] . 姜奕晖译 . 北京：中信出版社，2014.

黄有璨 . 运营之光 [M] . 北京：电子工业出版社，2016.

乔纳·伯杰（Jonah Berger）. 疯传：让你的产品、思想、行为像病毒一样入侵 [M] . 刘生敏，廖建桥译 . 北京：电子工业出版社，2014.

专业词表

渠道运营：渠道运营主要指利用第三方推广渠道来推广自有的业务和产品。

用户运营：以用户为中心，遵循用户的需求设置运营活动与规则，制定运营战略与运营目标，严格控制实施过程与结果，以达到预期所设置的运营目标与任务。

内容运营：运营者利用新媒体渠道，用文字图片或视频等形式将企业信息友好地呈现在用户面前，并激发用户参与、分享、传播的完整运营过程。

产品生命周期：指产品从投入市场到更新换代和退出市场所经历的全过程，是产品或商品在市场运动中的经济寿命。

线上渠道：指的是以互联网为载体的渠道。

线下渠道：指的是以非互联网为载体的传统实体渠道。

活动运营：针对不同性质的活动进行的运营，包含活动策划、活动实施，以及嫁接相关产业打造产业链。

用户成长体系：用户成长体系是通过数值化用户行为，累加求和后作为用户对平台忠诚度、贡献度的衡量依据，同时可以刺激用户留在平台的一套结构。

UGC：全称为 User Generated Content，也就是用户生成内容，即用户原创内容。

PGC：全称为 Professional Generated Content，指专业生产内容，也就是产品团队或权威团队生产的面向于广大用户的内容。

PUGC：UGC 和 PGC 的结合，指一个产品同时具备 UGC 和 PGC 的内容。

内容精准推荐：通过大数据算法和用户标签匹配，从而针对每个用户推送这个用户喜欢的内容，达到千人千面的效果。

第三篇

拓展阅读

最后为大家带来一些开发 APP 相关知识的拓展阅读。在信息与技术高速发展的时代，我们也需要像产品一样不断进行自我知识的更新迭代，才能不被信息的浪潮所淹没。本篇为大家介绍了未来设计的发展方向，还有更全面的设计思维 -- 服务设计，以帮助大家获取一些新的思路。

09 未来畅想

本章概述 ···

虚拟现实、人工智能等新技术成为时代的主角，作为设计师又该如何应对新技术带来的冲击呢？本章将从虚拟世界、虚拟人物与人工智能三方面，带领设计师走进新世界。

本章目标 ···

1. 了解新技术的应用案例
2. 了解人工智能的产品设计
3. 了解语音交互的设计流程
4. 了解虚拟现实产品设计

关 键 词 ···

人工智能　　AI　　自动化　　虚拟角色　　语音交互

VUI　　虚拟现实　　增强现实　　混合现实

9.1　虚拟世界，未来正在接近

虚拟与现实是如今各大互联网软硬件厂商绕不开的话题，当我们还在探究如何为用户提供更好的产品、为企业商业赋能时，新的体验已经悄悄降临。虚拟现实为用户带来了全新的感官体验，传统的平面元素已经脱离屏幕栩栩如生地展示在我们眼前。例如，HoloLens 场景互动，如图 9-1 所示。

图 9-1　HoloLens 场景互动（图片来源于网络）

同时，得益于人工智能对人类世界理解力的极大提升，我们也能够在虚拟世界中创造更具个性的自定义形象。不仅如此，我们的交流空间也从传统互联网的即时通信中，进入到迷人的虚拟空间。曾经只能在大型游戏中看到的场景，正在一步步向我们走来。例如，头号玩家中的玩家角色，如图 9-2 所示。

图 9-2　头号玩家中的玩家角色（图片来源于网络）

虽然虚拟现实技术近几年才出现在大众市场中，但其起源却可以追溯到 20 世纪，直到 2016 年以 HTC VIVE 为代表的头戴式显示器与一大批 VR 游戏的出现，虚拟现实技术才进入了消费者的眼中，因此那一年也被誉为虚拟现实的元年。虚拟现实技术热潮来势汹汹，但却在接下来的几年发展中不温不火，而其伴生技术——增强现实技术却备受关注。

　　Apple 在增强现实方面拥有较为完整的布局，不仅在移动应用上提供 ARkit 以帮助 AR 开发者，还在传统的 Web 上提供 AR 开发支持。在工业应用方面，GE 能够在空间中生成机械设备模型，在进行维修工程时，让维修员工能直观地查看工业设备，从而提高维修效率。GE 使用界面，如图 9-3 所示。

图 9-3　GE 使用界面（图片来源于 Apple）

　　而在游戏应用方面，知名的游戏 *Eve Online* 的创作团队 CCP Games 则将这款世界闻名的大作带到了 AR 平台上。借助移动设备，玩家能够在宏伟的空间站中或壮丽的星球中开启自己的探险。EVE: PROJECT GALAXY，如图 9-4 所示。

图 9-4　EVE: PROJECT GALAXY（图片来源于 Apple）

另外在教育与辅助应用方面，增强现实依然拥有许多生动的产品。家居制造商 IKEA 就推出了其辅助应用 IKEA Place，用户能够足不出户地在家中摆放产品，查看家居产品的效果与外观。教育应用 Froggipedia 则让学生能够不必伤害青蛙就能探索生物身体错综复杂的系统。无论是增强现实还是虚拟现实产品，都让人类在生活与研究上获得真正的效用。IKEA Place 与 Froggipedia，如图 9-5 所示。

图 9-5　IKEA Place 与 Froggipedia（图片来源于 Apple）

9.1.1　虚拟与现实

虚拟世界的产品不断涌现，但在不同的技术条件下有着不同的特征。在互联网中，我们常看到虚拟现实、增强现实、混合现实技术等产品，但它们之间存在什么关系呢？

虚拟现实（Virtual Reality，VR）

即现实是虚拟的，用户看到的一切都是由计算机生成的画面，包括画面中的物体、环境、状态等。用户能够感知自己处在一个非现实的世界中，但虚拟世界仍能够对用户的行为做出反应。代表作品有 VR 游戏《节奏光剑》和 *SuperHot*，电影《头号玩家》中反映的情节也是基于 VR 场景进行的。

增强现实（Augmented Reality，AR）

即现实被增强，也就是基于现实环境，将计算机生成的物体叠加在现实环境中，使现实环境的效能得到提升，用户既能感知到现实环境，也能发现虚拟的信息。其中最为著名的就是 CAPOM 在 2016 年推出的 *Pokemon Go*，结合了 AR 与地理位置系统开发的游戏。

混合现实（Mixed Reality，MR）

混合现实是由微软提出的概念，如果不进行区分，我们很容易将其与 AR 混为一谈。实际上 MR 具有比 AR 更好的环境适应特性，除了在现实环境中叠加虚拟物体，虚拟物体的材质、光线、视角透视等也能完美地融入到环境中，达到让用户无法区分现实与虚拟的效果。

此外，还有一些其他关于虚拟现实的概念被提出，例如，扩展现实（Extended Reality，XR）、影像现实（Cinematic Reality，CR）。虽然这些概念提出者来自不同的企业，但其实现的原理与技术大同小异。这里为了方便解释，我们统一使用虚拟现实类产品来指代 VR、AR、MR 产品。

扩展现实

通过头戴式显示器或其他设备，让用户能够自由地调整虚拟元素在现实环境中的范围与表现，用户可以根据自己的意愿选择将物理现实扩展到数字空间的程度。扩展现实包含了以上 VR、AR、MR 诸多技术，现在有许多行业人士喜欢用 XR 来指代整个虚拟现实所涉及的各个技术。

影像现实

由头戴式硬件产品厂商 Magic Leap 提出的概念，指将光波传导到棱镜上，将画面直接投射于用户视网膜以达到"欺骗"大脑的目的。

9.1.2 新硬件，新载体的出现

无论是增强现实应用还是虚拟现实应用，在目前已有的移动平台上只能发挥有限的作用与体验，更为复杂的虚拟现实类的产品就需要更大的范围与新的控制形式，而传统的移动设备屏幕小、显示内容有限，无法满足虚拟现实体验的需要，因此新的硬件形态就出现了。

虚拟现实类产品的硬件形态主要有输出设备与输入设备。输出设备即呈现视觉影像的部分，目前主要有各式各样的头戴式显示器与智能眼镜，而这些设备又有分体式设备与一体式设备之分。分体式设备是将产品的显示部分与计算部分分离，显示器只是单纯的屏幕，需要从其他设备接收数据，常见的智能眼镜一般都是分体式设备。而一体式设备是将显示部分与计算部分相结合，设备能够独立运作，诸如 HoloLens 之类的产品都属于一体式设备。输入设备则是配合输出设备进行使用的手柄、操纵杆等控制器，用于用户与内容进行互动。接下来，我们通过产品形态与技术等级介绍几款产品。

VR 盒子

VR 盒子是成本较低的入门级设备，通过将手机与单独的容器架合二为一制作成简单的 VR 头戴产品，利用手机内置的陀螺仪等传感器让用户进行体验。代表的产品有三星 Gear VR、小米 VR 等，然而这类产品只能进行简单的视频观看，并且佩戴体验等方面都不尽人意。目前许多厂商都开始与 Oculus 合作推出 VR 一体机，传统的盒子类产品正在慢慢淡出市场。例如，Google Daydream View，如图 9-6 所示。

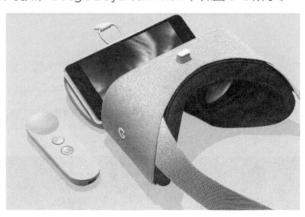

图 9-6　Google Daydream View（图片来源于 Dayream 官网）

智能眼镜

智能眼镜则是折中的硬件形态，主要通过在眼镜上投射影像实现 AR 或 VR 效果，代表的产品有 Google Glass，如图 9-7 所示，其通过一个微型投影仪将画面投射到菱镜上，再利用菱镜反射到视网膜中进行呈现。而 Google Glass 的工作原理对近视人士不够友好，而且菱镜投射受到佩戴位置的影响，会导致图像偏移等问题，外观奇特、续航不足、单眼呈像等问题都影响了这款产品的发展。

图 9-7　Google Glass（图片来源于 Google Glass 官网）

由于眼镜产品本身就是具有外观象征与便携性等需求的产品，智能眼镜在设计上需要经历诸多的难题。另一款由著名的眼镜厂商 North 推出的 Focals 也是一款 AR 眼镜，其特点就是在眼镜架内侧嵌入了一枚投影仪，将画面投影至眼镜上进行显示，在保证了其功能的同时在外观上也显得时尚，并且续航时间能够达到 18 小时。然而，Focals 的售价却高达 599 美元。智能眼镜的输入设备一般依赖于手机等设备，但 Focals 还额外附带一枚指环用于控制眼镜。

头戴式显示器

相较于智能眼镜，技术更加复杂的头戴式显示器（简称头显）则是未来虚拟现实发展较为理想的产品。头显一般作为一体式设备呈现，拥有独立的处理器与操作系统，性能也更好，而且附带眼动识别、语言识别等输入设备。代表产品有 VR 设备 HTC VIVE（见图 9-8）和 MR 设备 Microsoft HoloLens。

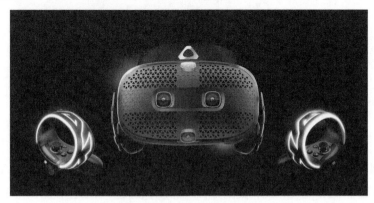

图 9-8　HTC VIVE Cosmos（图片来源于 HTC 官网）

HTC VIVE 主要面向游戏领域，配合其两个操作手柄实现沉浸式的游戏体验。而

HoloLens 则主要面向 B 端市场，目前已经推出了两代产品，第二代的 HoloLens 拥有更强的显示效果，更大的视场角等，并且得益于 AI 视觉技术，HoloLens 完整支持手势识别，这对以往需要操纵杆进行输入控制来说是一次解放。

其他类似的产品，例如，Magic Leap 推出的 Magic Leap One（见图 9-9 ）和 Nreal 推出的 Nreal Light 等，未来将会有更多的类似产品出现，在头显终端上的产品设计需求也会变得更加旺盛。虽然头戴式显示器对虚拟现实产品的支持更好，但其仍然存在受场域限制、缺乏物理反馈、质量大等问题，而且在长时间使用后发热量大，过高的价格也使其难以被消费者接受。

图 9-9　Magic Leap One（图片来源于 Magic Leap）

除了上述的几款流行产品，市面上还有许多虚拟现实的辅助设备。例如，以 Tobii 为代表的捕捉用户眼球移动的眼球追踪设备、各式各样的 360 度全景相机，还有面向游戏市场的全向跑步机等。目前，虚拟现实类产品还处在成长阶段，硬件规格暂时无法满足消费市场的需要，但随着科技的发展，未来我们将会看到更多集成度高、轻便小巧、功能丰富的设备出现。

9.1.3　虚拟现实设计，新思路新思考

虚拟现实类产品设计分为 AR 设计、VR 设计、MR 设计等，并且不同产品搭载的硬件特性也会导致交互设计上有所差异，因此对于不同技术类型或产品形态的设计有着不同要求。目前以 Google、Apple 为代表的设计团队已经构建了完整的 AR 设计指

南，AR/MR 设计的应用场景也较 VR 更加丰富。虽然不同的技术组织有着不同的设计指导，但本质上都是让传统的设计原则跳出平面的局限，回归到我们自然的交互模式。本节将针对设计这类产品时需要考虑的大方向进行描述，不再单独区分硬件形态。

环境

在进行虚拟现实类产品设计时，需要思考如何为用户创建沉浸感与临场感，也就是如何将虚拟物品与现实环境融合的问题。思考场景中影响二者的因素，我们可以从环境中的光影、材质及它们的位置关系入手。

光线与阴影

光线与阴影是构成画面的客观元素，它们影响用户能否感知到环境中的物体形态与氛围。我们在进行 AR 或 MR 设计时必须要考虑光线在现实环境中的情况，减少虚拟物体与现实环境的反差，让物体看上去是真实存在的。图 9-10 中的摄影图片生动地体现了空间中的光影关系。

图 9-10　光影关系（图片来源于 Unsplash）

材质

材质则反映物体的特性，它包含了物体的色彩、纹理、光滑度、反射率等各个方面。不同的材质能够实现不同的视觉效果，反映物体的视觉属性与功能属性。例如，将固态塑料材质运用在图标上来体现其可触发属性，将半透明材质运用在背景上进行区块划分。例如，不同材质的使用，如图 9-11 所示。

图 9-11　不同材质的使用（图片设计者 Matjaz Valentar）

位置关系

　　位置关系包括不同物体在环境中的遮挡关系、视差效果、透视等，并且在物体运动时由于位置关系会产生不同的深度变化。在复杂的场景中，位置关系会影响用户获取信息的效率，对信息可读性也有一定影响。在电影《飞驰人生》中就有一幕复杂信息展示的场景，如图 9-12 所示。

图 9-12　电影《飞驰人生》（图片来源于网络）

　　另外在微软提出的 Fluent Design System 中，如图 9-13 所示，将物件的设计元素细化成了光线（light）、深度（depth）、材质（material）、动作（motion）、缩放

（scale）五个维度，更好地适用于其混合现实应用的设计中，详情可以参考微软官方的设计文档。

图 9–13   Fluent Design System（图片来源于 Microsoft）

行为

多模态交互

多模态交互是指基于人体生理特征，融合多种感官提供的交互方式。我们在传统的 PC 或移动硬件上大多进行的是视觉交互，而在虚拟现实类产品中，我们可以结合听觉、触觉等方式设计交互形式。前面提到的语音交互就是很好的例子，由于虚拟现实类产品的使用处在一定的空间之中，我们可以利用语音交互完成较远距离的控制。目前的虚拟现实设备对视觉与听觉的支持已经达到较为理想的水平，而触觉只能依赖手柄或手套提供的震动反馈。

运动与控制

用户在场景中通过身体运动来观察虚拟物体，而控制则需要用户通过手势或其他方式进行输入，与虚拟物品进行交互，如图 9-14 所示。在 Google 的 AR 设计指南中提到类似的内容：当用户由于疲乏不进行身体运动时，使用手势控制或语音控制能让用户继续与产品进行交流。

用户进行控制的方式有很多，例如，点击、平移、双指捏合等，具体根据产品需要来定义使用需求。

图 9-14　在屏幕上控制虚拟物体（图片来源于 Google）

信息

触发范围

　　当使用头显或眼镜设备时，现实环境引起的互动会变得更加频繁，如果所有的元素都与用户进行互动，用户在执行自己的操作时就会受到干扰，因此设计师需要衡量何时何地触发信息。在空间中，虚拟现实类产品可以根据用户与元素的距离评估来决定是否触发。例如，用户离物品较近时，物体会高亮显示，而较远距离的物体则变得暗淡模糊。同时，我们还可以通过 GPS 或场景识别，根据用户的所在位置预测用户的行为，对功能进行预加载。触发范围示意图，如图 9-15 所示。

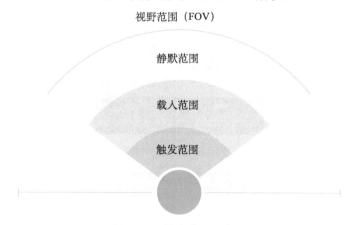

图 9-15　触发范围示意图

UI

虚拟现实类产品的 UI 设计需要区分二维平面与三维空间。传统的 UI 设计是基于二维平面的，因此在进行 AR 产品的 UI 设计时只需继承已有的 UI 设计体系。在 Apple 提供的 Human Interface Guidelines 中为我们提供了一些在 AR 产品中有关 UI 设计的提示，这里进行简要体现（见图 9-16）：

- 将更多的屏幕内容用于显示物理世界与虚拟物体以创造沉浸式体验。
- 利用声音与震动反馈来确认虚拟物体与现实世界发生了互动。
- 尽可能地减少文字信息。
- 将必要的控件显示在屏幕上，而不是独立的区域。
- 对用户在现实世界中的行为进行提示，避免动作时导致身体伤害。
- ……

图 9-16　AR Interface（图片来源于 Apple）

而在三维空间中，UI 需要以虚拟界面的形式融入到环境中。我们需要关注产品使用的视场角（FOV）、用户的头部移动等。这时，我们需要使用 360 度全景图进行设计，如图 9-17 和图 9-18 所示。

图 9-17　全景图中的 UI（图片来源于 Volodymyr Kurbatov）

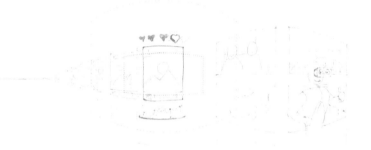

图 9-18　360 度草稿图（图片来源于 Volodymyr Kurbatov）

　　另外，在进行三维空间的 UI 设计时还需要注意设备的支持情况。如果是头显设备，设备分辨率会影响 UI 中元素的可读性。而如果是眼镜设备，光学投射引擎对颜色的支持情况也需要与技术人员进行沟通，有的引擎可能不支持白色或黑色的投射。在完成了 UI 设计后，我们可以通过利用 VR 盒子的方式测试原型图效果，也可以寻求技术人员的支持。

　　由于虚拟现实类产品的设计受到硬件、场景、产品形态等因素的制约，设计师在进行工作时必须考虑产品体验的多个方面。虚拟世界的设计目前并没有一套固定的范式与方法论，因此虚拟现实领域的设计是设计师把握发展时机的最佳选择。

9.2 虚拟人物，情感塑造角色

虚拟世界为我们带来了全新的感官体验，为我们带来了新的设计价值与机会。但随着生活品质的提升与物质需求的满足，人们的情感需求逐渐体现了出来。因此，虚拟人物在新技术的背景下诞生了。

众所周知，初音未来是由 CRYPTON FUTURE MEDIA 推出的虚拟歌手形象，在数十年的发展中积累了一大批的粉丝与狂热爱好者。其可爱的形象与软萌的声音成为许多二次元用户的情感寄托，甚至在日本有网友宣布与初音未来结婚，而定情信物则是初音未来的标志物——大葱。这位网友提到的结婚动机则是因在职场中受到伤害，但从初音未来的歌曲中得到了治愈，从而产生与其共度一生的想法，如图 9-19 所示。

图 9-19　与初音未来结婚的网友（图片来源于网络）

与虚拟人物进行互动的案例屡见不鲜，但虚拟人物是如何被创造的呢？无论是初音未来这样的虚拟歌手，又或者是微软小冰这样的虚拟伙伴，其本质都离不开语音交互。在虚拟人物与我们的互动过程中，语音起到了不可或缺的作用，合理自然的语音交流拉近了人与机器的关系，因此人机交互变得更加有意义。

9.2.1　虚拟角色与语音交互

我们常接触的 GUI 是二维平面交互，虚拟现实是在三维空间中的交互，那么语音交互则是一种回归人类原始语言交流的一维互动。在过去数十年中，人机交互经历了从 CLI（Command-Line Interafce，命令行界面）、GUI（Graphic User Interface）到如今 NUI（Natural User Interface）的发展，而语音交互界面（Voice User Interface, VUI）即属于 NUI 的一种。在原始的命令行界面中，用户需要花费大量的时间去学习能让机器理解的语言，这必然导致使用者数量的限制。而 GUI 的出现极大地降低了用户与机器交流的成本，让用户获得"所见即所得"的操作体验。近几年热门的语音交互产品 HomePod 与 Siri，如图 9-20 所示。

图 9-20　HomePod 与 Siri（图片来源于 Apple）

人机交互的发展从复杂到简易、从烦琐到高效，逐渐趋近于人类的最原始自然的状态。得益于人工智能的快速发展，VUI 的识别率与效率获得了极大的提升，使得用户与机器的互动过程更加自然流畅。然而，人类的声音交流是复杂多变的，由于地域、文化等因素导致语音的含义千变万化，如何让机器能够理解人们的意图成为了设计师最大的挑战。

语音交互的发展历程

在本书的交互设计章节中，我们提到了交互发展的 4 个阶段，而语音交互即属于其发展中的第 4 个阶段——虚拟交互。语音交互丰富了人工智能时代下的交互方式，是如今自然交互设计中重要的环节之一。而语音交互的发展也经历了近场交互、中场交互与远场交互三个阶段，这些阶段主要表现为设备对声源识别的距离远近。

近场交互即我们所熟知的手机语音助手，例如 Siri、Cotana，这类产品往往与现有的移动设备 GUI 相结合，依靠少数麦克风即可驱动，适用于短距离内的辅助性场景。例如，当我们早晨匆匆忙忙地起来时，一边换衣服却又想了解今天的天气情况，此时我们的双手无法操作手机，我们只需要一句："嘿，Siri，今天天气怎么样？"，我们就可以快速地获得回复："今天上海大部多云，气温 22 摄氏度至 17 摄氏度"，这个场景即在近场域下获取信息，也体现了自然对话场景。其他类似的场景，如做饭时用户需要回复一条微信。

中场交互将环境转移到相对私人的封闭空间中，例如汽车。语音产品与空间中的硬件产生互动，在多数场景中用户能够避免对设备的手动控制。

远场交互相较于中场交互拥有更大的范围，一般在家中或个人办公室中，由于空间的扩大导致音频衰减的速度更快，要求独立的硬件来捕捉用户的声音，例如，HomePod、小爱音箱。它们往往配备了一套麦克风阵列来保证能从空间中的不同角度来获取用户指令并过滤环境音，并且能够做到硬件与硬件之间的相互联动。

语音交互的使用场景

相较于传统输入方式（GUI），语音交互的使用场景是有限的。首先，语音交互方式注定了用户必须要公开输入信息，这对用户隐私的保护是一项挑战。其次，嘈杂的使用环境会导致语音识别准确度的降低，会对用户接收设备反馈的信息造成阻碍。最后，用户在不同场合对语音输入的使用意愿也会成为影响因素之一。根据目前的产品研究来看，语音交互在一些用户独立场合较为适用，例如，洗漱、化妆、烹饪、车内控制等场景。因此，在设计语音交互产品时，必须结合用户研究来考虑用户的使用场景，特别是对用户心理模型的研究。

此外，在过去的语音交互发展过程中，还有遇到语义识别与多轮对话的问题。不过随着 AI 数据量的提升和技术改进，这些问题逐渐得到缓解。

语义识别是关于设备遇到一个词具有多义的情形时，如何进行处理的问题。语音产品在识别用户语言时，往往是识别其中的关键词组信息，例如，当用户说出"播放刺猬的歌"时，语音产品能够捕捉"播放""刺猬""歌"关键词，但是会对"刺猬"的理解产生问题：是播放有关"刺猬"内容的歌，还是"刺猬"这个歌手的歌呢？

　　多轮对话则是衔接用户语言的上下文进行的回答，例如，过去的语音助手在回答"今天天气怎么样"这个问题时都可以给出明确的回答，但是如果用户直接跟着一句"那明天呢"，这时语音助手失去了关键词组和对上下文的理解，就无法给出回答。

9.2.2　语音交互设计

语音交互的载体

　　上面提到的语音交互的使用场景问题，解决这些问题需要设计师对产品定位、面向群体有着清晰的认识。在思考产品形态上，我们需要结合语音交互的三个场域交互，回答以下两个问题来思考产品：

- 产品是独立的硬件系统吗？
- 产品需要 GUI 进行辅助吗？

　　一般而言，拥有独立的硬件系统往往是音箱或控制终端，如 HomePod。在硬件系统上设计 GUI 界面则要考虑产品的反馈机制或多模态交互，如 Google Nest Hub。而基于现有的移动设备搭载软件的产品更倾向于辅助工具，如科大讯飞输入法的语音输入，QQ 音乐的哼歌识曲等功能。但无论产品形态如何，在进行语音交互设计时都不可避免地需要考虑逻辑问题。

语音交互的场景

　　在确定了产品形态后，我们需要将产品支持使用语音的场景进行归纳，将其统计成如图 9-21 所示的表格来帮助我们梳理使用场景。

指令所属	功能描述	指令示例
灯光	调整灯光亮度	"帮我调亮卧室灯""把卧室灯调到最亮"
	调节灯光色相	"把卧室灯调成暖光""打开冷光灯"
音乐控制	调节音量大小	"帮我提高音量""将音量调整到 xx%"
	切换音乐	"播放（歌曲名）""播放上一首"

图 9-21　语音使用场景归纳

语音交互的设计逻辑

语音交互的设计逻辑是基于对话逻辑进行的，我们可以通过与机器你问我答的方式建立对话流程，建立对话剧本或故事板，这些需要结合统计出来的场景进行细化。

图 9-22 展示了一个简单的控制流程，用户回到家中发出指令，语音助手打开卧室灯，这是一个完整的意图（Intent），用户指明了动作的行为（打开）、位置（卧室）、目标（灯）。在进行语音交互设计时，我们需要注意用户是否向设备表示明确的意图，如果我们将图 9-22 所示的流程修改一下，就会出现如图 9-23 所示的场景。

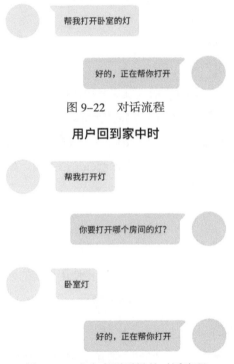

用户回到家中时

帮我打开卧室的灯

好的，正在帮你打开

图 9-22　对话流程

用户回到家中时

帮我打开灯

你要打开哪个房间的灯？

卧室灯

好的，正在帮你打开

图 9-23　含有意图引导的对话流程

当用户没有表达明确的意图时，就需要进行引导，让用户明确指令的具体属性。通过以上的对话，我们可以根据用户指令的描述制作词典，将设备的执行命令与用户的指令相对应，描述某一个场景下用户指令与机器指令的映射关系。

在图 9-24 中，机器指令与用户指令一一对应，当设备识别到对应的用户指令时，设备就会发出如"turn_on + bedroom + light"的指令，以此实现用户的意图。需要注意的是，在某些对应词中会出现人称代词，例如，图 9-24 中的"[user] 的房间"。

它可能对应的是"我的房间""孩子的房间"等，这时我们可以再对 [user] 单独进行词典设置。通过图 9-24 中描述的方式，我们可以完成一个语音产品在语音指令交流上的基本设计。另外我们也可以依据指令类别进行词典分类，例如，操作词典只包含 turn_on、turn_off、open 等指令，场景词典只包含 bedroom、living_room、bathroom 等，具体根据开发与产品的需求来决定。如果你想了解更多有关语音交互设计的内容，可以参考文末参考资料中有关 AI 设计的书籍。

机器指令	用户指令
turn_on	打开、启动、点亮、开、亮
turn_off	关闭、关掉、熄灭、关
light	灯
bedroom	卧室、闺房、[user] 的房间
living_room	客厅、主厅、会客厅、家

图 9-24　词典

另外在设计对话流程时，我们应该注意以下几点。

1. 简短的回应

由于语音信息的记忆性较差，因此需要避免在对话时产生过多的内容。例如，我们在拨通电信客服电话时，往往会听到"话费查询请按 1，流量查询请按 2……"之类的语音信息，然而当我们全部听完后可能只记得"重复收听请按 0"，于是我们忘记了之前的内容，就需要再次重复收听，这对操作的效率带来了巨大的打击。在面对众多的选择时，如果确认用户已有来意，则应该直接询问："请问您需要什么服务？"，再根据用户输入的语音信息提供对应指导。

2. 确认置信度

由于对话时会受到环境或人为的影响，语音在进行操作前需要进行用户确认。例如，当用户发出"给炒炒老师打电话"的命令时：

- 当检测到声源较近时，则进行"正在为你呼叫炒炒老师的操作"。
- 当用户声源较远，清晰度不足时，则需进行确认"您是要打电话给炒炒老师吗？"
- 若无法确认是否是用户本人，则需要进行二次确认"抱歉，我没有听清楚"。

3. 异常状态回应

异常状态包括网络连接、识别清晰度、识别理解度等问题。涉及识别问题时其处理与"确认置信度"类似，可以要求用户再一次发出指令。而遇到网络连接问题时，则需要进行"请稍等"等状态澄清，避免因长时间未回应导致用户产生疑惑。

4. 上下文语境

上下文语境则涉及有关多轮对话的内容，这一般与产品的形态和技术有关，需根据情况具体分析。

当然，我们也可以参考 Amazon Alexa 的设计指南来完成工作。这份设计指南包含了许多交互点与设计流程，但需要注意与自己的实际产品相结合。

赋予人格特征

为了提升用户对语音产品的接纳度，我们可以为语音产品赋予一个特定的人物形象，这也是本节开头提到的虚拟人物形象，其中包括视觉形象与听觉形象。良好的虚拟形象能够促进用户进行更频繁的交流。例如，微软小冰（见图 9-25）、小爱同学（见图 9-26）在视觉与听觉上都设计了软萌的女生形象，而微软小冰因其领先的 EQ 对话能力与少女形象，在与用户对话时能达到更多的频次与轮数，获得用户的情感认同。

图 9-25　微软小冰第六代形象（图片来源于网络）

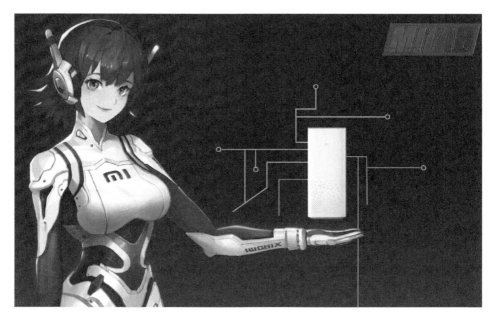

图 9-26　小爱同学人物形象（图片来源于网络）

需要注意的是，根据日本机器人学家森昌弘在早前提出的恐怖谷理论，人们对非人类物体的好感存在一个临界值，超过这个临界值人们会对其产生反感。当语音交互产品无限接近于真实人类感知时，我们需要特别关注这种情况的发生。以上示例的微软小冰与小爱同学都是基于科幻动漫概念进行设计的，面向年轻群体。而对于像 Siri、Google Assistant 这类通用型产品则需要在视觉形象与听觉形象上更加注意尺度，同时需要对误触情况与事故处理进行思考。

语音原型测试

以上是进行语音对话逻辑设计的简要流程，完成了针对整个产品的语音设计后，我们进入对语音可用性进行测试的环节，这时需要制作一个最小可行性产品（MVP），我们可以参考用户需求中提到有关原型测试的内容来完成，这里介绍几个制作原型的工具和方法。

Botsociety 专业的语音原型制作工具

Botsociety 是一款专门适用于语音原型制作的软件，使用者通过设置机器端与用户端的对话流程来进行高保真的语音交流体验，不过在开始测试前，你可能需要花费一点时间来熟悉这款工具。Botsociety 软件界面，如图 9-27 所示。

图 9-27　Botsociety 软件界面

人工模拟

如果你想寻求最快速便捷的方式，那可以选择和伙伴进行人工演练。模拟真实用户的一方需要结合场景与用户角色，而模拟机器的一方则需要遵循词典与流程进行回答。通过人工模拟的方式来发现对话流程是否自然通畅，并对语言逻辑进行优化。另外，也可以通过事先录制或语音通信的方式进行，模拟真实设备使用的场景。无论如何，语音原型测试只是验证语音交互是否达到了其原始目的——高效、自然，并且发现在进行语音逻辑设计时没有考虑到的情况。

9.3　智能世界，智慧发展

9.3.1　未来正在到来

不知从何时起，我们的生活中出现了各式各样的智能体验——当我们在高铁站进站时，先进的面部识别系统代替了传统的人工验票，车站旅客通行的速度更快，效率更高（见图 9-28）；大街小巷的便利店引入的刷脸支付系统，让人们脱离了现金与移动设备的媒介限制，即使人们不带任何设备出门也能够购买自己需要的东西。

图 9-28　高铁站刷脸进站（图片来源于网络）

　　而在许多居民区与企业园区，送货机器人取代了传统的快递员遍布街头。这些机器人能够辨识行人车辆，分析送货地点与线路，以最快的速度将物品送到用户手中。苏宁的送货机器人，如图 9-29 所示。

图 9-29　苏宁的送货机器人（图片来源于网络）

　　这些新的变化表明了新的技术正在改变着我们的生活，而提到近年来的技术发展就无法回避人工智能的概念。人工智能，一个熟悉却让人们正襟危坐的词。虽然它不是什么新鲜概念，但在近几年软硬件与互联网的发展中逐渐走进大众的视野，在技术应用、物联网、医疗等方面带来了巨大的变革。在汽车行业，无人车成为了近几年各大企业热衷讨论的话题，"红灯停，绿灯行"已经被机器心领神会，驾驶者将从方向盘上获得解放，体验全新的车内氛围。特斯拉 Autopolit，如图 9-30 所示。

图 9-30　特斯拉 Autopoilt（图片来源于网络）

　　而在本章前两节提到的虚拟现实与语音交互技术的发展，依旧离不开人工智能的影响。得益于人工智能手势识别，我们能够在虚拟世界中自然地控制虚拟物品，且对声音理解能力的大幅度提升，使得虚拟人物能够理解我们的情绪与意图，成为人们的陪伴者。

　　我们在享受技术带来便利的同时，人工智能也在潜移默化地改变人类劳动的格局，大量的重复劳动被人工智能所取代，许多劳动密集型企业因此降低了生产成本，但也导致了大量劳动者的失业。2016 年"双 11"期间，阿里鲁班设计系统在短短几天内制作了 1.7 亿幅设计素材，震惊了设计界。此系统后改名为鹿班，如图 9-31 所示，继续为独立商家与设计师提供帮助。从此以后，设计师之间最喜欢谈论的话题之一就是自己会不会被人工智能所取代，直到现在设计师们仍对这个话题喋喋不休。

图 9-31　阿里鹿班（图片来源于网络）

　　虽然鹿班的出现为我们带来了焦虑，但设计师应当透过产品探索其本质。设计是一种有目的的创作性活动，设计师通过一定的方法论来解决问题、表达情感，人工智能与设计相结合，它将能代替设计师完成不必要的重复性工作，我们在工作中不必要的机械操作将被简化。曾经设计师在抠一根头发丝上需要花费大量的时间，一丝不苟地去处理每一个像素点，如今在 AI 加持的智能抠图下这个过程变得简易迅速。人工智能与设计师的工作相辅相成，它帮助设计师将注意力聚焦于创造与体验中，而不必在烦琐的操作中浪费时间。Photoshop CC 选中主体功能，如图 9-32 所示。

图 9-32　Photoshop CC 选中主体功能（图片来源于网络）

因此，对于设计师而言，人工智能是一种"增强智能"，它基于设计师的设计方法来增益设计的工作，让曾经因受到性能、准确度、效率等问题而没落的产品设计重焕生机，许多基于人工智能技术诞生的新产品，能够为设计师的工作提供各方面的帮助。

Sketch2Code

Sketch2Code 是一个能够将设计师手绘的原型图直接转换为可用的前端代码的 AI 产品，它基于计算机视觉技术，通过识别草图中的图形和文本，生成一段网页架构。Sketch2Code 的出现能够为设计师节省大部分制作高保真原型的时间，也能够帮助那些未涉及前端领域的设计师构建自己的网站。Sketch2Code 生成的界面，如图 9-33 所示。

图 9-33　Sketch2Code 生成的界面（图片来源于 Sketch2Code 官网）

Fontjoy

设计师在进行文字处理时经常需要进行字体搭配，而 Fontjoy 就是一款能够帮助设计师进行字体搭配的工具，它能够根据设计师选择的字形判断文字的对比度，给设计师最佳的选择方案，不过目前仅支持西文字体的推荐。Fontjoy 的生成效果，如图 9-34 所示。

图 9-34　Fontjoy 的生成效果（图片来源于 Fontjoy 官网）

PaintsChainer

PaintsChainer 是一款自动上色工具，能够为设计师或画师的线稿进行自动描线与上色，并且使用者可以根据喜好选择不同的风格，PaintsChainer 能够帮助许多新手设计师在插画学习与色彩搭配方面提供许多帮助。PaintsChainer 生成的插画效果图，如图 9-35 所示。

图 9-35　PaintsChainer 生成的插画效果图（图片来源于网络）

此外，还有大家熟知的 AI 设计机器人——鹿班、Adobe Sensei、ARKIE 智能设计系统等。这些都是基于 AI 视觉系统对设计工作进行的赋能，解放企业对设计师的需求。不仅如此，人工智能在其他领域也相继开花：在音乐领域，微软小冰第七代已经能够根据用户输入的关键词来生成曲谱，为音乐人提供更多的灵感来源。同时微软小冰也深入到了媒体行业，成为了众多电台与电视节目的主持人。人机互动的形式正在不断扩大，新的机会将不断涌现。随着 AI 的发展，未来将会有许多诸如此类的产品出现，不仅在 UI、插画、原型等设计方面，甚至在用户调研、数据分析方面都能够为设计师提供更多的帮助。

9.3.2　人工智能是什么

人工智能（Artificial Intelligence）是研究、开发用于模拟、延伸和扩展人的智能的理论、方法、技术及应用系统的一门新的技术科学。人工智能如今已经常伴我们的耳边，但其概念并不是最近才被提出的，它的起源可以追溯到 20 世纪 60 年代。在那时，人工智能的发展遭遇了几次重大的挑战，甚至被认为是科学家们的白日梦。那么为什么人工智能能够在本世纪得到如此巨大的发展呢？

人工智能来势汹汹离不开两个非常关键的资源：一个是对数据资源的需求，人工智能需要大量的数据来分析出某个事物的特征，而得益于本世纪大数据的发展使得人工智能拥有了庞大的数据基础。而另一个则是对计算资源的需求，也就是性能的需求。人工智能有了大量的数据，那么硬件资源就决定了它分析的速度。而近年来计算机性能的大幅度提升，特别是 GPU 性能的提升，满足了人工智能对计算速度的需求。而这些在 20 世纪都是人工智能发展的瓶颈。大量的数据集基础使得 AI 拥有充分的训练资源，而高性能的处理器使 AI 的训练速度得到了极大的发展。虽然人工智能来势汹汹，但是其目前还是建立在人工的基础之上的，在许多企业中工程师甚至用"有多少人工就有多少智能"这样的话来调侃它。

我们必须面对 AI 发展对设计带来的冲击。因此作为一名设计师需要接触这一新领域与技术，从其技术原理入手，了解 AI 是什么。我们可以把目光放回到 AlphaGo 事件中，柯洁在与 AlphaGo 三场对阵中以 0:3 失败，这场对阵宣告了 AI 在围棋领域处于绝对的统治地位。虽然 AlphaGo 事件已经过去了一段时间，大众仍对其争论不休，我们将以此作为解释人工智能工作原理的案例。

AlphaGo 是如何思考围棋的呢？如图 9-36 所示，人与人之间的对阵往往是带着预测性的，棋手会思考自己走的每一步对手会怎么回应，以此来判断最佳的落子方案。AlphaGo 的工作原理也类似于此，它会在每一步落子时计算接下来棋局发展的可能性，而这种计算的速度和数量远超过人类在短时间内能进行思考的次数。

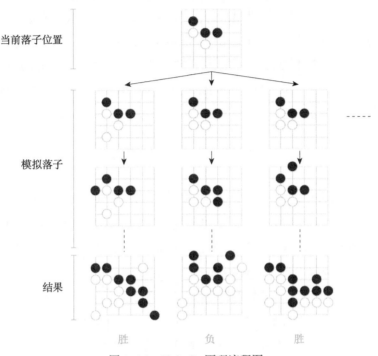

图 9-36　AlphaGo 原理流程图

　　虽然 AlphaGo 对棋局发展的可能性进行了计算，但这不代表它能够把每一种情况都计算完毕，毕竟在围棋盘中的走法可是比宇宙中星星的数量还要多。因此，AlphaGo 只能基于赛前对许多棋局的分析，抽象出胜利方的棋法特征，让自己的走法接近那些胜利者，这个过程就是 AlphaGo 的工作过程，如图 9-37 所示。

　　而在比赛时，AlphaGo 则会计算每一次落子前的各种走法，利用模型中的特征寻找一个让自己胜率较高的结果，再反馈到棋局上。因此，人工智能的工作过程是一个计算概率的过程，计算事物发展的结果，让不确定性降低，最后输出我们想要的内容。我们日常见到的许多产品就是这样的，例如，电商产品通过收集我们的浏览数据，利用这些数据生成对应的我们浏览偏好的模型，依据我们打开应用的时间、场景，或者是 AI 发现的其他特征，对应输出一个我们可能喜爱的内容作为推荐，以此提高浏览量与转化率，等等，这些都是当前 AI 的主要运用方向。

　　另外，在刚才提到的模型中，几个模型之间生成的结果也可以进行训练，生成更

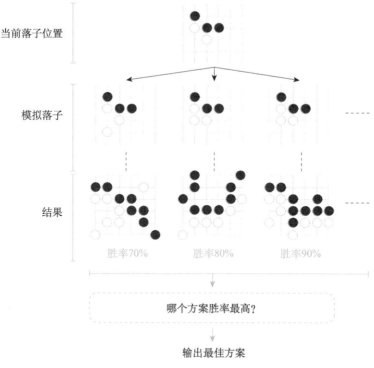

图 9-37　AlphaGo 工作流程图

强大的模型。也就是说，我们可以拿两个 AlphaGo 互相对战，那么它们就会不断生成新的棋局，让这个模型的胜率更高，更加准确。只要围棋的规则与内容保持不变，它们就仍能在这个领域内保持领先。

　　人工智能在围棋领域中已经得到了绝对领先的地位，但如果某一天围棋的规则被改变呢？如果规则被改变，就意味着 AlphaGo 的模型失效，它无法再应对新的规则下的棋局，只会生成基于旧规则的结果。这时，研究者需要再次投入时间和硬件去生成新的模型。然而，人类却可以快速地利用规则重新战胜人工智能。

　　当今的人工智能处于一个弱人工智能时代，AI 擅长快速准确地完成某个单一领域的问题，大部分情况下都无法摆脱人的参与，这也是为什么刚才提到有的工程师会说"有多少人工就有多少智能"。而在本章开头提到的设计师被人工智能取代的问题，则需要放到未来强人工智能时代上，强人工智能能够比肩正常人类的思维，进行思考、创造，与现实环境进行互动并解决问题，并且不再依赖于现有的移动设备，它们拥有满足自身发展的物理机器。然而，这样的人工智能在短期内似乎还无法实现，仍需要长期的积累与研究。因此，对于设计师而言，我们在担忧的同时要保持理性，既然 AI 如此擅长某个单一领域技能且能够在短时间内超越人类，那我们就能够利用这一特性，让 AI 在某个方面为我们服务。而设计师自身能够从专业领域走向融合领域——交互设计师能够利用数据让 AI 寻找更加平衡用户体验与商业模式的交互模式，创意设计师则能够利用 AI 提供的意见参考，探索新的风格与体验。设计师将能够从更加宏观的角度审视产品、服务、技术，并指挥 AI 帮助我们完成工作。

9.3.3 人工智能产品设计

前面提到了许多现有的人工智能产品，那么当我们接触到人工智能产品设计时该如何进行呢？首先我们需要明确一点：人工智能产品设计的过程并不是一个固定的模式，人工智能是基于传统产品基础上进行赋能的过程，因此它可能会影响至产品底层。例如，传统的蓝牙音箱智能进行音乐播放或者收音机等功能，但现在的智能音箱除了支持传统音箱的功能，还可以进行语音控制、家居控制等功能，这时相较于传统音箱而言，它的产品形态就得到了赋能，并且可使用的场景也获得了拓宽。在这里，我们提出几个在进行设计时可参考的思路。

定制化

人工智能能够基于用户数据对个人偏好进行分析，因此产品就拥有实现"千人千面"的可能，针对不同用户或场景进行细致的变化。例如，华为在其手机终端系统 EMUI 上搭载了"智慧旅行"的功能，当用户位于某个旅游景点时，它会推荐景点推送导览攻略、语音介绍、拍照建议等功能，如图 9-38 所示。

图 9-38 华为旅行助手（图片来源于网络）

语音交互

语音交互是人工智能技术的受益者，虽然语音交互的发展有了很长一段时间，但人工智能极大地强化了机器对人类语言的理解，使得计算机与人类进行语音交流更为自然流畅，因此我们能够看到许多搭载了语音助手功能的产品。不仅是手机系统本身的语音助手（见图 9-39），诸如淘宝、美团、高德地图这样的独立 APP 也内置了语音搜索功能。因此，我们在设计产品时可以思考结合语音形态或语音助手来提升用户体验。具体的语音交互设计，请参考上述有关语音交互的内容。

图 9-39　两款搭载在移动操作系统上的语音助手（Siri 与 Aicy）

产品到场景

2020 年年初的疫情为我们带来了灾难，但却让新技术有了发挥的空间。如图 9-40 所示的基于 AR 技术的测温系统，能够让地铁站的安保人员在无接触的情况下测量行人的体温，既满足了疫情监管的需要也保护了工作人员的安全。

当人工智能带来新的交互方式时，我们不应该再局限于产品本身的设计，将视野从产品拓宽到产品前后的上下文中，与场景中的其他产品互动，关注用户从产品体验到生活体验的各个部分。你可以参考本书对服务设计的内容，来发现更多的设计机会。

另外，人工智能产品设计并不代表我们可以肆无忌惮地发挥，在设计产品时仍然需要注意人工智能的红线。

图 9-40　地铁站中 AR 红外测温（图片来源于网络）

隐私

人工智能的发展依赖大量的数据，AI 个性化产品设计也需要基于用户数据进行，因此在进行 AI 产品设计时用户隐私问题是难以避免的。由于国家法律、行业监管等方面对隐私都有着严格的要求，因此我们在进行产品设计时需要避免触犯到隐私的红线。例如，谷歌开发的键盘应用 Gboard 能够分析用户输入的内容来提供建议，而用户输入的内容属于敏感内容。谷歌为了避免隐私纠纷将模型的训练过程部署在用户本地设备中，因此大部分的数据都只在用户端被使用，谷歌不会直接获得用户的输入数据。

伦理

如果一辆自动驾驶的汽车不可避免地将撞上另一辆车时，AI 该怎么做？是保护本车主人还是保护对车人员？这时 AI 的伦理问题就出现了。伦理是人与人之间相处的准则，当 AI 凭借着其超强的学习能力与计算能力出现在我们的生活中时，我们又该如何规范 AI 的伦理道德？2018 年，百度创始人李彦宏先生就提出了所有 AI 产品都应该遵循的规则：

- AI 的最高原则是安全可控。
- AI 的创新愿景是促进人类更加平等地获得技术能力。
- AI 存在的价值是教人学习，让人成长，而不是取代人、超越人。

- AI 的终极理想是为人类带来更多的自由和可能。

当然，这里所提到的设计思路只是人工智能产品设计的几个方面，你可以查阅章节末尾的参考资料来了解更多的内容。

9.3.4　未来的设计师

随着人工智能技术的发展，未来的产品形态将发生更多的变化，我们对产品的想象也将越来越遥远。与此同时，设计师的职业属性也在发生着微妙的变化。曾经的优秀设计师执着于每一个像素，对设计方案一丝不苟，体现着设计师精益求精的职业精神。而新技术带来了不同行业间的融合，许多设计师开始跨界接触到新的技能与行业，他们成为了一群跨界设计师，从不同角度与技术层面来幻想未来的产品体验，而许多行业人士也将他们称为全栈设计师。全栈设计师是一个掌握多项设计与开发能力的设计师类型总称，他们能够独立完成一个产品从 0 到 1 的开发流程。

图 9-41　Will Geddes 的个人网站

在图 9-41 展示的是设计师 Will Geddes 的个人网站，他利用 3D 与视差效果，将自己生涯中所经历的项目呈现在网站中。Will Geddes 将个人定义为多学科的跨界设计师，这包含而不局限于用户体验、品牌、多媒体等领域，特立独行的个人定位与杰出的作品使 Adobe、Audi、Facebook 等知名企业成为了他的顾客。而图 9-42 展示的是 Yoichi Kobayashi 的个人主页，他利用前端开发中的 WebGL 与 Three.js 并结合 3D 建模将自己的网站渲染出了另类的日本骷髅文化，而实时的动效与鼠标交互的效果，使其比传统的平面与视频效果更加令人震撼。

技术让设计师的创意不再受限，而本章所涉及的人工智能、虚拟现实等内容都需

图 9–42　Yoichi Kobayashi 的个人主页

要设计师去接触新的技术进行产品设计。成为全栈设计师，我们需要熟悉产品从前期探索到交互设计、原型测试的流程，这些能够通过阅读本书前几章的内容来了解。然而，令许多设计师都头疼的是产品的实现，也就是代码与实现的环节。Will Geddes和 Yoichi Kobayashi 设计师开发的个人主页都是依赖于前端技术完成的，那我们应该如何接触开发与代码呢？

HTML 与 CSS

许多设计师对这两个名词一定不陌生，HTML 与 CSS 构成了网页的基础框架，让网页能够承载内容。HTML 称为超文本标记语言，它用来告诉浏览器"我在这儿放了什么"，而 CSS 称为层叠样式表，它用来告诉浏览器"我的东西长啥样"。这就好比在 UI 设计中各组件的功能与样式。关于它们的知识，可通过访问 W3school 网站学习。网站中可以查看代码的使用规则并进行实际操作，你可以非常快速地掌握这两个部分的内容。

JS 与 React

HTML 与 CSS 让我们能够把内容放进网页中，完成产品设计中的产品架构，而JS（JavaScript）则是为了网页能够与浏览者进行互动，这包含页面间的跳转、动画、特殊的功能等。对于 JavaScript 的学习会比 HTML、CSS 花费更多的心思，我们可以直接通过学习 React 来了解。React 是 Java Script 的一个组件库，因此学习React 的过程就是在了解 JavaScript。而得益于如今交互设计软件的进步，我们也不必直接去安装编写器从零开始写代码。我们可以尝试 Framer 这款软件来上手 React。Framer 是一款支持使用 React 来进行交互设计的原型制作工具，你既可以通过编写代码来设计原型，也可以通过像 Sketch 一样的传统方式设计 UI，如图 9-43 所示。你在 Framer 中编写的网页也能够通过导出 Web 的形式上传到服务器中供其他人观赏。而对于 Framer 的学习，官方已经提供了完整的上手指南。

图 9-43　Framer 软件界面

如果你希望在接触代码之前用代码的思维来设计原型，也可以尝试使用 ProtoPie 这款软件来制作原型。 虽然使用 ProtoPie 制作原型并不需要接触代码，但软件引入了在代码设计中的条件、范围、变量、通信等概念，因此你可以体验到技术人员会如何思考一个产品的开发。ProtoPie 的制作团队提供了非常完整的参考文档与上手攻略，如果你已经对 Axure 或 Principle 这样的原型设计软件有所了解，那一定能够非常快速地掌握 ProtoPie。ProtoPie 软件界面，如图 9-44 所示。

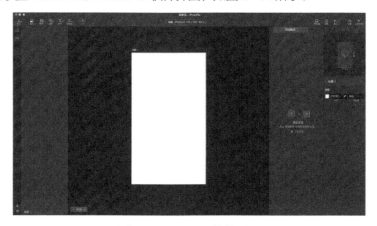

图 9-44　ProtoPie 软件界面

更多的技术

有时，一位合格的全栈设计师并不代表他一定是设计技能与前端技能的结合体，许多设计师能够选择适合自己的开发技术，有的会选择 Swift 来进行 iOS 应用开发，有的会选择 Unity3D 进行 AR 应用开发。如今，技术的学习门槛逐渐降低，网络上优秀的指导教程层出不穷，这里提供一些优秀的教程提供方供你选择，相关的链接标注在本章末尾参考资料中。

- APPCODA：iOS 应用开发教程（繁体中文）。
- Start Developing iOS Apps (Swift)：Apple 官方提供的 Swift 教程（英文）。
- 泊学：泊学提供了包含 Vue、Python、Swift 等全栈开发技术的教程（简体中文）。
- Web.dev：由谷歌出品的前端学习资源（英文）。
- Unity：Unity 官方网站提供了一系列完成小项目的教程。

当前，受到 AI 发展而带来极大收益的各种产品层出不穷：以智能家居为代表的物联网产品、自动驾驶，还有软件层面的语音助手与软硬结合的虚拟现实产品。本章提到的人工智能与新兴技术只是未来发展的冰山一角，所提到的设计思路仅作为学习的参考，AI 产品、虚拟现实的设计仍需要我们继续探索。未来的设计师不再局限于工业设计、交互设计、UI 或视觉设计，而像心理学、社会学，甚至是计算机科学等学科将成为设计师新的孕育之处。更多的技术，如图 9-45 所示。"洪水未到先筑堤，豺狼未来先磨刀"，作为优秀的设计师，你准备好迎接未来了吗？

图 9-45 更多的技术

本章思维导图

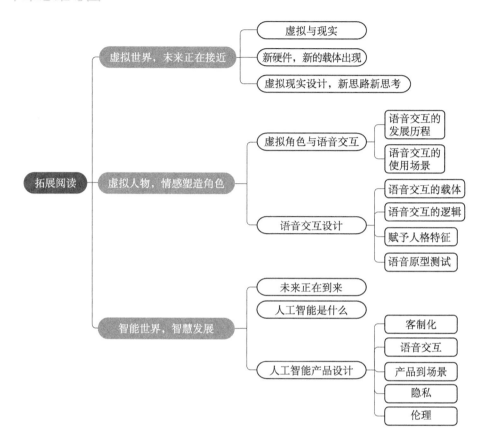

参考资料

凯文·凯利.必然［M］.周峰，董理，金阳译.北京：电子工业出版社，2018.

李开复，王咏刚.人工智能［M］.北京：文化发展出版社，2017.

［德］托马斯·拉姆齐.写给大家的 AI 极简史——从图灵测试到智能物联［M］.林若轩译.北京：中国友谊出版社，2019.

薛志荣.AI 改变设计——人工智能时代的设计师生存手册［M］.北京：清华大学出版社，2018.

Cathy Pearl. Designing Voice User Interfaces

Alexa Design Guide https://developer.amazon.com/zh/docs/alexa-design/get-started.html

Fluent Design System https://docs.microsoft.com/zh-cn/windows/apps/

fluent-design-system

Human Interface Guidelines https://developer.apple.com/design/human-interface-guidelines/ios/system-capabilities/augmented-reality/

Draw Sketches for Virtual Reality Like a Pro https://medium.com/inborn-experience/vr-sketches-56599f99b357

VUI 语音交互设计：三步打造任务导向型对话场景 http://www.woshipm.com/pd/714793.html

《用一篇文章，帮你掌握完整的语音交互设计流程！》https://www.uisdc.com/vui-design-process

W3School：https://www.w3school.com.cn

APPCODA：https://www.appcoda.com.tw

Start Developing iOS Apps (Swift)：https://developer.apple.com/library/archive/referencelibrary/GettingStarted/DevelopiOSAppsSwift

泊学：https://boxueio.com

Web.dev：https://web.dev/

Unity：https://unity.com/learn#explore-how-you-can-develop-your-skills

专业词表

人工智能：人工智能（Artificial Intelligence）是研究、开发用于模拟、延伸和扩展人的智能的理论、方法、技术及应用系统的一门新的技术科学。

AlphaGo：AlphaGo 是第一个击败人类职业围棋选手并战胜围棋世界冠军的人工智能机器人。

GUI（Graphic User Interface）：即图形用户界面，我们接触到的计算机或移动设备的操作界面都属于 GUI 的范畴，GUI 往往是视觉层面的呈现与反馈，经常与 AUI 相结合。

AUI（Audio User Interface）：是我们接触到的设备音效的总称，往往伴随着图形界面的变化，通过声音让用户能快速感知操作与状态，有时 AUI 也会被称为 SUI（Sound User Interface）。

VUI（Voice User Interface）：指语音交互界面，语音交互界面强调在声音上的交互与反馈，VUI 将我们从单纯的人与设备的接触互动中升级到范围更大的交互场景中。

多轮对话：多轮对话是在人机对话中为了明确用户意图以进行多次问答的处理方式。

语音识别：语音识别是指让机器理解人类语音指令以做出反应，它往往包含着复杂的对话逻辑与技术模型。

虚拟现实：用户看到的一切都是由计算机生成的画面，包括画面中的物体、环境、状态等。用户能够感知自己处在一个非现实的世界中，但虚拟世界仍能够对用户的行为做出反应。

增强现实：基于现实环境，将计算机生成的物体叠加在现实环境中，形成现实环境的效益得到提升的效果，用户既能感知到现实环境，也能发现虚拟的信息。

混合现实：混合现实是由微软提出的概念，MR 具有比 AR 更好的环境适应特性，除了在现实环境中叠加虚拟物体，虚拟物体的材质、光线、视角透视等也能完美地融入到环境中，达到让用户无法区分现实与虚拟的效果。

影像现实：由头戴式硬件产品厂商 Magic Leap 提出的概念，指将光波传导到棱镜上，将画面直接投射于用户视网膜以达到"欺骗"大脑的目的。

扩展现实：通过头戴式显示器或其他设备，让用户能够自由调整虚拟元素在现实环境中的范围与表现，用户可以根据自己的意愿选择将物理现实扩展到数字空间的程度。扩展现实包含了 VR、AR、MR 诸多技术方面。

分体式设备：将产品的显示部分与计算部分分离，显示器只是单纯的屏幕，需要从其他设备接收数据。

一体式设备：显示部分与计算部分结合，设备能够独立运作。

头戴式显示器：一般作为一体式设备呈现，拥有独立的处理器与操作系统并且聚合了眼动识别、语言识别等多种设备。

多模态交互：将多种感官融合使人与机器进行交互的方式，包括触觉、听觉、视觉等各个方面。

触发范围：触发范围是指元素对用户行为的响应区域，通过触发区域对元素反应进行限制以避免交互被意外触发。

10 服务设计

本章概述 ··

服务设计是什么？它和互联网产品设计的相同之处和区别在哪里？本章将介绍
服务设计的基本原则、设计要素和设计方法，帮助大家理解服务设计的发展
前景。

本章目标 ··

1. 了解服务设计及其现状

2. 了解服务设计的设计原则

3. 理解服务设计要素的内涵

4. 理解服务设计的方法和流程

关 键 词 ··

产品即服务　　服务要素　　复合型需求　　触点

服务前端/后端　　概念设计　　设计测试　　设计实施

10.1　什么是服务设计

10.1.1　产品即服务

服务设计是一种新的思维方式，它是学科交叉的一种方法，但并不是一门新的学科。它涵盖并结合了商业策略、客户关系设计、空间设计、交互设计、平面设计等众多学科的方法。

> 服务设计的目标是你所传递的服务有用、可用、高效、有效且满足需要。
> ——英国设计委员会，2010

服务设计中的"服务"是指什么呢？相比于某种"产品"，不如说服务是一场以用户为主角的"演出"。为了这场戏的完美呈现，在开演前要设计出剧情的起承转合，演出时要恰如其分地引导主角和各种道具互动，甚至结束之后也要让主角——也就是用户——回味连连，每每想要回来重新体验。而服务设计师就是这场演出的导演，服务是提供者与顾客共同创造的。

服务设计和企业、客户双方都有密切的关联，如图 10-1 所示。

图 10-1　服务设计与企业、客户的关系

利用服务设计的理念，企业可以在现有资源的限制之下，最大程度地挖掘和扩充经营模式，拓展业务场景。完整、优秀的服务体验可以帮助企业快速在用户心智中占领一席之地，如苹果公司、海底捞等，一提及它们的品牌名，客户脑海中的"满意服务体验"就会立即浮现。而现代顾客也愈发变得挑剔，单一功能的好坏不足以成为消费的决定性因素，通过服务设计满足客户的深层次需求才是企业在市场中的取胜之道。

10.1.2 服务设计现状

从互联网产品设计的发展中，我们可以看到整个社会对于产品需求变化的缩影。

在互联网这个新兴领域刚刚问世时（即 Web1.0 到 2.0 的时代），消费者往往关注于各个产品的功能是否足够多，能力是否足够强，所以第一批互联网领头羊的王牌产品就是主页——密密麻麻的链接，万能的页面，用户可以在这个页面上找到各种信息，代表性产品有新浪首页。随着时间的推移和技术的发展，服务提供商们不满足于仅仅罗列功能，而是进一步打磨产品的使用体验，以优质的体验作为先锋利器打开市场，iPhone 就是其中的佼佼者；现在我们越来越能看到，电器制造商不再以一款顶级产品就能称霸市场，巨头和各个领域的独角兽都在构建"生态系统"；独立的休闲设施越来越少，环球影城、迪士尼乐园大行其道。

如果想要提供更进一步的完整体验，需要一整套服务体系，仅仅打磨一个产品已经不足以应付消费者的挑剔眼光，如今，产品设计从最开始的信息传递到功能至上，现已进入到服务驱动阶段，如图 10-2 所示。

图 10-2　从信息为中心到服务为中心

阿里巴巴近年在杭州推出的"无人酒店"是通过服务设计撬动行业变革的优秀案例。阿里巴巴结合使用了多种技术手段，如刷脸开门、乘电梯、机器人送餐送货、各类 IoT 等。但事实上，面部识别、手机控制中心、语音助手、各类服务机器人等并不是非常尖端的技术，但阿里巴巴通过全程触点的优化、与线上智能系统的深度结合，整体上改善、重设了前台后台的服务过程，这远比简单的堆砌新鲜技术更能让消费者满意。阿里巴巴未来酒店，如图 10-3 所示。

服务设计也不仅仅局限于商业上的体验优化，在各个领域都能看到服务设计的身影。在非洲，国际卫生组织使用服务设计的思路，用最小的成本——仅向村民发放饮用水过滤纱网——就让所在区域疟疾寄生虫感染率下降近 20%。再如美国纽约的 Diane L. Max 健康中心，通过颠覆性的服务设计，让枯燥紧张的就医过程变得放松，甚至有趣，如图 10-4 所示。

图 10-3　阿里巴巴未来酒店（图片来自网络）

图 10-4　DianeL. Max 健康中心使用不同的颜色区分区域（图片来自网络）

人并非是纯理性的生物，这使得服务的核心价值不仅仅是使用和响应，还要加上最重要的关怀。

10.1.3　服务设计的原则

以用户为中心

这一点与我们在产品设计中的 UCD 方法类似，服务设计的主要对象依然是人。但与传统产品设计不同的是，服务设计中涉及的流程更长，触点类型和数量都远远超过单一的产品。这也就使得用户在服务的流程中是动态的，其需求和能力不能用一个时间点概括。

同时，我们还要考虑服务提供者的状态，比如在针对大型超市的服务设计过程中，我们不仅要了解前来购物的用户类型和特点，还要了解各个位置导购员、收银员的行动路线、需求、动机，这样才能进行进一步的优化设计。

除了直接和"服务"接触的用户与提供者，下列利益相关者的状况也要纳入设计的考量范围，甚至会决定整体方案能否成功。

1. 上下游供应商。他们会影响服务后台的效率、成本等，甚至间接影响整体服务形式。

2. 竞争者。时刻关注同类型的服务提供者，利用相互"竞争"发现服务的升级机会。

3. 政府（相关调控政策）。设计者要保证符合相关法律，并尽可能利用一些政策利好。

4. 其他合作机构。如社区、科研机构等。

在服务的整个流程中，参与其中的每个人都有不同的经历和背景，如何消除各个岗位之间的沟通障碍？如何让客户快速得到帮助？这些问题都需要设计师亲身参与到服务进程中去，不但要扮演服务提供者，还要扮演客户，借此来了解关键细节。

共创

与软件设计不同，服务设计涉及更复杂多样化的角色。许多伟大的想法来源于一线的工作人员。著名的火锅品牌——海底捞，其中很多著名服务细节就来自服务员，比如为每位顾客发放防进溅的手机套，为戴眼镜的顾客发放酒精镜片擦片等。

在服务改造的过程中，参与创造服务、提供服务和消费的人都有值得挖掘的洞见和想法，这些经验来自与客户的深度接触，所以作为服务设计师，需要用各种各样的方法和工具了解每个相关人员的见解，让所有人参与到设计过程中来。这也就是所谓的"共创"。

> 设计师的角色是引导者和转译者，设计师即拥有创造人工制品方面的深厚专业积累，还能在看似无关的各种概念和想法之间建立联系。如此一来，设计就变成了一项公共活动，设计师就变成了舞蹈编导。
>
> ——《交互设计沉思录》，Jon Kolko

共创不仅仅有助于服务思路的探索阶段，在测试、实施服务的过程中，参与到"共创"过程的人往往更有主人翁意识，会主动地将团队中的每个想法执行并贯彻下去。如果你遇到拒绝改变、不愿意参与新服务的"老员工"，多询问他的意见吧，这样可以快速地让他成为项目的中流砥柱。

在匹兹堡大学医疗中心的服务设计改造中，设计团队借助患者来完善其设计方案。通过与医院工作人员共同交流合作，设计团队制作了一套画着服务场景的"体验卡片"

来帮助患者想象设计方案，引起他们的共鸣并提供意见。

值得注意的是，共创的过程中应尽量包含不同背景的参与者，这样可以最大化地覆盖服务过程中的各个领域，包括但不限于被服务者、前台服务人员、后勤支持人员等。

次序

在戏剧领域有句话：人只有在紧张的心理节奏中，才会体验到生活的意义。服务在时间维度上有着非凡的拓展性，比如在宜家购物的过程中往往要持续 2~3 个小时甚至更长，坐飞机时取票、安检、登机的过程同样也需要 1~2 个小时。如此长的服务流程之中，每一个触点（事件）的顺序安排都会对整体体验产生巨大影响。

反观互联网产品，很多情况下都讲究效率、转化，希望用户能够尽快找到自己期望的功能，完成任务。在这种短促、集中的使用场景下，功能之间的"次序"和"长度"不是影响体验的重要指标。但服务设计不同，每次服务都可以分为服务前期、服务期、服务后期，我们的服务从顾客产生需求的念头这一瞬间就开始了。这让我们有时间进行情绪铺垫、埋设"悬念"，让整个体验由一件"事情"升级到一个"故事"。故事的情节曲线，如图 10-5 所示。

图 10-5　故事的情节曲线

实物

那么如何将无形的服务变得可触摸、可察觉呢？

想象一个场景：你和你的助手说："我在明天早上开会的时候需要用这个季度的报表，明早一定要整理好交给我。"而你的助手一整天都没有和你交流，晚上的时候，你是否会担心明早能否收到这份报表？如果助手在下班的时候向你汇报了进度，你的担心是否会大幅减轻？

人在充分了解周围情况的时候，会产生强大的安全感。

当用户处于你设计的酒店之中时，如果他不清楚被单是否被真正消过毒，晚上睡觉的时候就会惴惴不安。此时一份带有消毒日期的折叠毛巾就可以大大提高顾客对后台服务的感知，将不可见的消毒过程转变为可视化的信号，打消顾客的顾虑。

同时，实体物品还可以有效地延长与客户的连接时间，一个设计精美的冰箱贴可以让用户在未来的几年内都能回忆起你在酒店中住宿或在某处游玩的经历。

整体性

我们不仅要保证处于前台的触点和用户有着良好的互动，还要保证后台支持系统也能顺畅运转。用饭馆来举例，食客能够感受到的虽然只有大厅的装修和服务人员的交流，但后台的厨师烹饪速度和质量、传菜设备摆放得是否合理、菜品的采购品类变化频率等都会极大地影响整个服务体系。

10.2　如何做服务设计

服务设计的目标是整体体验。

这里我们来讨论一下设计切入点——服务设计的三个要素。这三个要素分别是用户需求、触点、服务系统，然后来说明服务设计的基本流程：理解、概念设计、测试、实施。但服务设计是一个迭代的过程，服务设计方案的质量与是否遵循严格的设计步骤并无直接关联，重要的是大量的考察、分析，以及服务提供者之间的默契配合和严格的执行。

10.2.1　服务设计要素

用户需求——探索用户的复合型需求

服务设计是以顾客为核心而设计的。这一点并非老生常谈，顾客对于服务的期望和对于单一产品的期望是完全不同的。

服务是一种将实体产品和虚拟产品相互结合的综合体。虚拟物品追求的便捷特点在服务设计中却不再重要。一位上班族女士在周末梳洗打扮，和三五好友相约在热门商区，一定不是完全为了尽快"完成"某件事情，而是希望体验"逛街"过程中的乐趣。

当一个需求产生的瞬间，比如用户饿了想吃饭，如果用户只有单纯的饥饿感，那么他一定会选择最简单快捷的方法：订外卖。而选择走出家门的人一定不仅仅为了填饱肚子，他或许是为了和朋友亲人有机会相处（社交需求），或许是想出去走走缓解白天工作的疲劳（生理需求），等等。总而言之，更偏向线下的"服务"，虽然在效率上无法和线上产品相媲美，但能够满足用户更加多样性的复合需求。

日本茑屋书店被称为全球最美的书店，其创新的模式吸引了近一半的日本人成为了它的会员。它不再将自身定位为书籍售卖商，而是把店铺转化成一个能让顾客接触"新的生活方式"的地方。这种的"不务正业"极大地补全和满足了人们对自身美好生活的想象，如图 10-6 所示。

图 10-6　东京银座茑屋书店（图片来自网络）

所以服务设计可以说是把一件简单的事做复杂的过程，在这个过程中我们要逐渐挖掘用户的内在动机并加以解决。

不仅在服务的全程中要考虑用户需求的复杂性，在单个场景中，了解用户的特点、拓展服务的边界也是非常重要的。深圳 IBOBI 国际幼儿园中的楼梯，就针对成人和小朋友混用的使用场景增加了额外的扶手和照明灯具，如图 10-7 所示。

触点——人与系统间的交互设计

触点即用户和服务系统的接触点，也是服务实际发生的地方。举个粗略的例子，用户在使用滴滴叫车服务时，首先要打开手机 APP 进入滴滴软件，发送叫车请求然后等待司机（这是第一个触点）。司机抵达后，乘客上车、与司机在车内交流（这是第二个触点）。乘客抵达目的地后，在软件中为司机撰写评价、提出意见（这是第三个触点）。如果进一步细分，整个坐车的服务过程可以说是数十个触点串联起来的。所以触点是连接用户和服务的关键点，在服务设计的过程中，我们需要筛选、创造最符合的那个"点"。

图 10-7　IBOBI 爱波比国际幼儿园楼梯的多个扶手及灯具（图片来自网络）

> 接触点，作为存在于用户和服务系统之间的核心要素，从时间、场所、行为及心理等维度，帮助用户和系统之间建立起有效的体验链。
>
> ——Daniel Saffer, 2008

触点以存在形式可以分为 3 大类：数字接触点、物理接触点、人际接触点。而按照人类的五感来分类又可以分成：触觉触点、视觉触点、听觉触点、嗅觉触点、味觉触点，线上产品一般仅能利用视觉触点和听觉触点。线下服务触点的丰富性使得我们可以用更多的手段将服务理念传达给用户。

如果你在经营一家温泉馆，主打泡温泉和放松舒适的服务，那么在客户第一次进门这个场景中，我们可以怎样设计触点来打动顾客呢？

下面给出一些设计思路。

视觉：使用柔光照明和暖色调软装，前台设计和门廊设计多采用圆角，给首次登门的顾客一种无潜在风险的暗示。

触觉：进门先换掉外鞋，让顾客的脚可以直接接触柔软的地毯。

听觉：背景音乐混入水声、使用舒缓的节奏。

嗅觉：使用有温泉特点的香薰，如淡淡的硫磺味、木炭的味道。

味觉：可以尝试免费发放小食，最好不要使用商场中的糖果，而是选用味道更温和的日常点心、日本小零食等。

以上是一些触点设计的例子，实际项目中，一个场景下的触点可能有数十种、上百种之多，充分设计和利用触点是服务设计的重点。

服务系统——服务提供者

服务系统是指服务提供商,如前台接待、酒店后厨、保洁系统、安保系统等。服务系统可以分为前端和后端,服务前端指顾客可以看到的部分,后端指服务背后发生的一些工作内容这些看不到、不可直接接触的部分。

前端的优化设计可以让顾客直观地感受到,而后端的优化流程则可以改善服务的响应速度、流畅程度等。

这里要强调的是,服务的后端设计支撑起了整个服务回路,不优化后端设计,前端服务不可能发生根本改变。而后端在需要时应该是可被顾客感知的。比如西贝莜面村的开放式厨房,顾客可以直接看到食物的制作过程,打消食品安全顾虑并增加掌控感,如图 10-8 所示。

图 10-8　西贝莜面村的开放式厨房(图片来自网络)

另一个例子是物流服务的过程中,通过技术追踪将原本不可见的后端运输过程展示给用户,如图 10-9 所示。

将不可见变为可见的过程本身不会改变服务的性质,却可以极大地满足顾客的"软需求"。

10.2.2　服务设计工作流程

这一节将讲解一下服务设计的一般流程,包括:理解、概念设计、测试、实施。

图10-9 订单的配送过程展示

在每个步骤中都将介绍一个经典的工具方便大家使用。

理解

在这一阶段，我们要充分理解用户及服务提供商自身的情况。顾客接受我们的服务之前是处于什么样的状态？他们为何接受服务？服务过程中的心理变化是怎样的？了解这些信息之后，我们才能够在这些基础之上进行设计革新或优化。

工具：客户旅程地图

客户旅程地图是用可视化的方式展示用户和服务之间发生的故事。我们可以在任一阶段使用客户旅程地图，这里主要说明在"理解"阶段如何使用。

首先，我们要明确目的，通过绘制客户旅程地图，将用户与服务者之间的旅程可视化地表达出来，帮助分析用户的痛点和需求。通过观察和访谈，确定用户和服务之间的触点，将之按照一定逻辑顺序画成一张"地图"。可以参考前几章介绍的用户旅程地图样式。

概念设计

在理解阶段，得到的洞察将会转化成设计机会点，现在是开始思考解决方案的时候了。概念设计阶段将会把问题转化成具体的服务方案。

工具：故事板

服务的过程从需求、铺垫、核心服务一直到结尾，与一个故事的结构非常相似，一个好的设计概念，其要解决的痛点、场景、任务、解决方式都应该可以用一个小故事表达出来。

故事板则是描述故事情节的一种工具，脱胎于影视行业的分镜设计。故事板中会包含故事中的数个关键场景，通过视觉图像的形式把关键情节表现出来。

故事板应该如何画呢？不需要非常高超的绘画技巧，我们可以从简单的想法开始。下面就是一个故事板从设想、修改到成型的过程，这里我们用一个老年人呼救手表为例。

1. 设计故事脚本。设定故事的三个基本要素：人物、场景、冲突（情节）。用简单的文字描述你的故事中的关键画面，如"王阿姨独自生活在城里，她的儿子每周来看她一次，她有很严重的膝盖劳损""每天王阿姨出门要上下 3 层楼，有一次不小心崴了脚，她的儿子很担心她会再出更严重的意外""儿子送给她一只老人手表，并教会她如何使用呼救按钮""儿子平时在手机上可以看到阿姨的数据，如心跳、爬楼层数"。

2. 检查脚本，合并或添加情节，为每个情节标注情感变化。

3. 把脚本转化为画面，如图 10-10 所示。

图 10-10　故事板示例

测试

在众多方案中，哪个才是客户最喜欢的？哪些又是当前条件下难以实施的？这一步中，我们就会将我们的想法变成现实，在真实的场景下去测试它们。

工具：服务模拟

服务模拟指用人工或者模型的方式来模拟服务过程，通过制做出关键设备的"原型"来测试服务中的体验细节。在探索服务内容的阶段，通过类似"小剧场"的方式对服务过程进行演练，设计师可能是前台接待人员，也可能是一台计算机、一块屏幕、人工模拟出理想的"回应"。在这个过程中，设计师可以不断地切换所扮演的角色，感受作为"顾客"或"服务提供者"的不同之处，也能让设计团队对角色产生更深入的理解。设计师扮演问答机模拟与用户交互的过程，如图 10-11 所示。

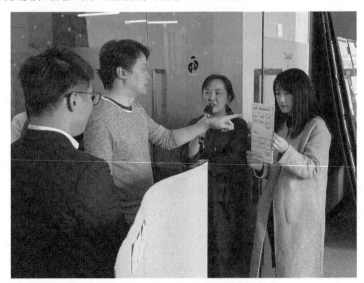

图 10-11　设计师扮演问答机模拟与用户交互的过程

服务模拟的方法不需要提前设计出完整的程序或空间装修样式，只需要白纸、笔或者几块硬纸板，就能够快速搭建出服务场景，再借助一点点想象即可最大程度地让团队沉浸在服务场景中，发现新的机会点或设计缺陷。

实施

方案测试后就到了实施阶段。在这个阶段，我们要明确整个服务中从开始到结束，以及后续再唤醒的所有细节，同时设计师将会和整个团队中的各个角色讨论，得到并实施一个被大家认可的最终方案。

工具：服务蓝图

服务蓝图是一种展现服务流程的方式，是实施过程中的一份详细指导手册。其中，服务的各个关键节点、互动内容、内部活动都会按照时间顺序展现出来。

服务蓝图根据服务层次一般分为以下几个维度：实体表现、用户行为、前台、后台、内部活动。其中用户行为和前台之间的间隔我们称为"互动线"，代表用户与服务提供者之间的接触点，服务前后台之间则是"可见线"，其上方是客户可以看到的服务内容，其下方则是后台、内部活动等不可见的内容。例如，陶艺工作室服务蓝图中的一部分，如图 10-12 所示。

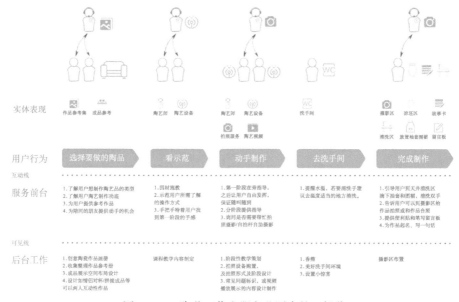

图 10-12　陶艺工作室服务蓝图中的一部分

注意，实施阶段并非只有"执行"，同样要不断迭代方案中的细节，经常会出现回到第二步重新发散方案的情况。

思考

1. 平时生活中出现过哪些令你惊喜的服务瞬间？理由有哪些？

2. 超市的服务触点都有哪些？无人超市与传统超市的区别在哪？

3. 有哪些方法可以测试服务设计方案？

一个APP的诞生2.0——从零开始设计你的手机应用

参考资料

[德] 雅各布·施耐德 / [澳] 马克·斯迪克多恩. 服务设计思维 [M]. 南昌：江西美术出版社，2015.

Thomas Lockwood , *Design Thinking*

[美] James Kalbach. 用户体验可视化指南 [M]. UXRen 翻组译. 北京：人民邮电出版社，2018.

[美] 艾伦·库伯 等. About Face 4: 交互设计精髓 [M]. 倪卫国，刘松涛，薛菲，等译. 北京：电子工业出版社，2015.

[美] Jeff Gothelf. 精益设计 [M]. 黄冰玉译. 北京：人民邮电出版社，2018.

[美] 蒂姆·布朗 (Tim Brown). IDEO，设计改变一切 [M]. 侯婷译. 沈阳：万卷出版公司，2011.

[美] Jon Kolko. 交互设计沉思录 [M]. 方舟译. 北京：机械工业出版社，2012.

本章思维导图

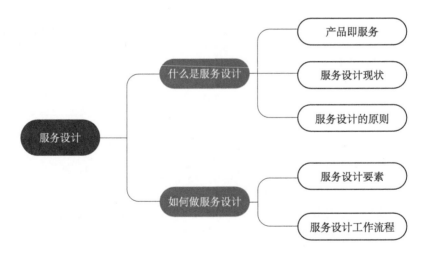

专业词表

以用户为中心：在服务设计中，以被服务者、关键利益相关者为设计核心，保证服务内外所有参与者的需求都能得到满足。

共创：好的服务设计方案不仅来自设计师，更要综合所有相关人员的经验和知识，共同提升服务质量。

274

次序：通过服务顺序的设计来强化服务体验，同时次序创新也是服务创新的重要手段。

实物化：将原来不可见的服务过程可视化。

整体性：服务过程是相互影响的整体，不能分拆独立设计，任何变化都会牵动整个服务体系。

复合型需求：服务设计可以说是把一件简单的事做复杂的过程，在这个过程中我们要逐渐挖掘用户的内在动机并加以解决。

触点：触点即用户和服务系统的接触点，也是服务实际发生的地方。

服务前端 / 后端：服务前端指顾客可以看到的部分，后端指服务背后发生的这些看不到、不可直接接触的部分。

客户旅程地图：客户旅程地图是用可视化的方式展示用户和服务之间发生的故事。

故事板：故事板则是描述故事情节的一种工具，其中会包含故事中的数个关键场景，通过视觉图像的形式把关键情节表现出来。

服务模拟：服务模拟指用人工或者模型的方式来模拟服务过程，通过制做出关键设备的"原型"来测试服务中的体验细节。

服务蓝图：服务蓝图是一种展现服务流程的方式，是实施过程中的一份详细指导手册。其中，服务的各个关键节点、互动内容、内部活动都会按照时间顺序展现出来。

无论你从事什么行业，如果想自己开始做一个 APP，这本书将是你的良师益友。

——毛华（腾讯 QQ 物联，腾讯视频云总经理）

《一个 APP 的诞生 2.0》详细地描述了移动互联网产品中的"生"，适合学生创业及刚毕业的从事互联网行业的新人。值得阅读学习。

——刘显铭（优酷深圳产品研发负责人）

APP 是移动互联网服务的主要载体，本书从需求分析、功能设计、UI、UE 等层面深入浅出地讲解产品的诞生过程，值得一读。

——陈学桂（联想集团移动互联业务总经理）

无论想法如何出色，能落实到实处的才是好产品，这本书很适合做一个方向性的指导。

——冯昕（国信泰九 VP）

好设计，源自于对用户需求的思考，更依赖成熟的方法论和优秀的团队协作。这本书详述了方法论、项目思考、流程和设计方面专业的知识，是互联网从业者的阅读借鉴。

——郭列（脸萌创始人）

新时代需要跨界融合的思维，不仅仅设计专业学生应该看看这本书，其他专业的也应该看看。

——田懿（安卓壁纸 CEO）

　　一个 APP 的成功可能有各种各样的因素，但任何 APP 走向成功的过程都需要遵守一些客观的规律。例如周密的市场分析，认真的洞察用户，分析竞品，细致而高效的运营等。《一个 APP 的诞生 2.0》如同一本实用手册，让企业了解规律，少走弯路。

——仇俊（茄子快传联合创始人）

　　想学习如何从 0 开始打造一个 APP，本书正是最好的选择。

——慈思远（联想创新总监、百度搜索高级顾问、集创堂堂主、
复旦大学客座教授）

　　讲实话的人才会让别人喜欢，《一个 APP 的诞生 2.0》就是这样一本实话实说的产品养成记，从无到有诠释了 APP 的开发点滴，适合所有创业的兄弟姐妹常备案头，不只是产品必备，技术、设计等岗位也需要人手一本。

——王威（原腾讯 QQ 旅游总裁，思源集团旅游事业部总经理）

　　腾讯系创业者的"神"是延续腾讯"用户体验至上"的精神，"奇"是博采众长，修炼独门秘籍。这里可以读到他们的"神奇"。

——侯峰（单飞企鹅俱乐部创始人）

　　这是一本读起来不枯燥的教科书。

——薛蛮子（著名天使投资人）

　　如果对极速发展的互联网行业有着浓厚的兴趣，通过这本书可以快速了解你到底适合其中的哪个角色。

——龙兆曙（教育大咖）

　　互联网是大众的舞台，如果你有一个好的想法，这本书将告诉你如何将想法落地成一个完美可投入市场的产品。

——焦一（多聚互联 CEO，原 YY 语音副总经理）

　　对于无线互联网从业者来说，这本书非常实战，教你如何一步步把 APP 落地。

——程浩（迅雷 & 松禾远望资本创始人）

一个 APP 就是一个生命体，有它的生命周期和成长的规律。代码赋予它血与肉，良好的规划、设计和运营法则能让它茁壮成长。这本书全面地阐述了一个 APP 从前期构思，到设计、到运营的整个思路和方法，是一本适用于整个移动互联网从业人员的好书。我特别建议 APP 的开发者应该好好读一读，暂时跳开我们熟悉的代码，从 APP 产品自有规律的角度去审视和学习相关的经验和方法论，相信会有不一样的领悟和体验。IT 从业人员中女生本来就不多，既专业又有思想的美女确实是稀缺资源，我承认我是因为本书的作者才来做推荐的，但我以上说的都是实话。

——王永和（开源中国 COO）

如果你只是在网站上、微信公众号上了解到 APP 的相关碎片知识，我认为有必要去系统地知道一个应用的出产到诞生，过度专注某个领域的细分，在当前时段是不太适合个人发展的，特别是学生和刚步入社会的新人，在庞大的知识系统中，时刻顺应时代变化是非常重要的。

——大白（兔展联合创始人）

传统行业面临互联网转型压力，在积极寻找出路的同时，这本书将窥探 APP 手机应用的标准研发流程和玩法，感受用户体验至上和服务设计的理念。

——孟令航（铂涛集团副总裁）

一本理论和实践结合的工具书，通俗直白的语言，结合当下热点案例，深入浅出地勾勒一个 APP 诞生的流程图。产品经理、项目经理和传统行业转型互联网从业者都应该人手一本。

——周瑞金（嗒嗒巴士创始人）

文章读之快也，快速学习，快速认知，快速获得了关于一个 APP 从 0 到 1 的过程，多个维度地分析和论证及旁征博引，虽为教科书，实则可以作为任何可能准备进入互联网行业学习的新手所快速掌握，并得到系统性的知识架构。

——单增辉（南友圈创始人，资深媒体人，著名摄影师）

好的产品源于对用户的深刻理解和对市场及局势的洞察。此外更依赖于一个高效配合的团队及管理系统。书的内容虽然是面向广大学子的，但是干货内容极多，是目前市场上不可多得的一本新手入门学习手册。可以帮助相关互联网设计从业者阅读借鉴，特别是我这种小白鼠。

——朱文焘（随时喷创始人，聚会保时捷维修中心创始人）

"大众创业，万众创新"的时代，对互联网设计人才及其相关跨界设计人处于高需求状态。在一个飞腾的时代，年轻血液的注入，加快了整个时代的蓬勃发展。你，只要有心，有一个好的学习平台和理论工具，就可以比别人少走一点弯路。此书一出，减少了很多初生学子的迷惑，是河多得的一本好教程。

——张剑（纳什创客空间创始人）

本书从设计师的角度出发，总结了移动应用设计每个阶段的方法与经验，配合大量案例，适合初入行的设计师，产品经理和创业者。

——李磊（WiFi万能钥匙联合创始人，WiFi万能钥匙中国区总裁）

基础类书籍必备。

——麦涛（暴龙资本创始人）

建议产品新人人手一本，了解各个岗位的工作，帮助沟通，提升效率。

——杨旭（21cake业务高级分析经理）

《一个APP的诞生2.0》有一个整体的理论体系，有经典的案例，以及系统的APP知识。值得力荐。

——潘国华（南极圈创始人）

非常荣幸提前获得《一个APP的诞生2.0》一书的阅读机会。这本书的内容让目前信息相对滞后的教育行业添加了一股清泉，对即将毕业面临就业的学生提高就业机会和对工作流程的了解有实际性的帮助。

——何人可（湖南大学设计艺术学院院长，"中国设计日"的三大倡议者之一，《式业设计史》作者）

这是一本有内涵有格调的书，书内大量案例与方法论的概述，非常适合零基础的人士作为学习教材。

——西蒙·朱（联合国经漳发展委员会副主任）

无论是行业变化、团队运作、专业意识、设计方法还是具体真实的案例，书中都有介绍，很不错。

——周北川（原微软项目总监，中科云创CEO）

从产品全书去把握设计，设计师将会获得新的突破。这本书将给你呈现一个 APP 诞生的全貌。

——马力（最美应用 CEO）

一个 APP 的诞生，一个时代的精彩。

——黄梦（点点客创始人）

这是一本介绍一个 APP 从无到有过程的宝典，书中很清晰地介绍了产品每个阶段所要掌握的技能。

——徐志斌（畅销书《社交红利》《即时引爆》作者、微播易 VP）

一个好的 APP，是一个能很好解决用户实际交叉点的解决方案，那如何找准用户的痛点及对应的创新解决方案，本书将告诉你答案。

——雕爷（雕爷会创始人）

云技术服务等各类 SaaS 服务设施已经大大降低了互联网创业的成本。借助本书的产品设计方法，相信能够让大家理清移动互联网创业的路径、丰富移动互联网的应用场景！

——蒲炜（高长科技 CEO）

随手翻一翻都有一种感觉：果然设计师就是不一样啊。

——郭奎章（时常集团创始人）

产品经理

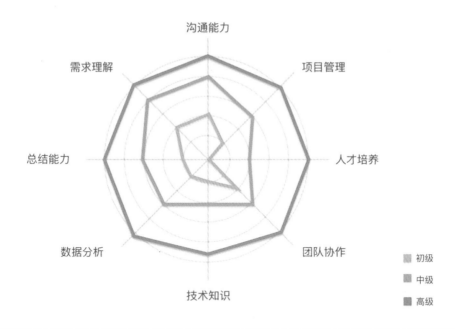

评估说明	
需求理解	初级 - 清晰地拆解需求的角色、场景。 中级 - 在理解角色、场景的基础上，准确去除干扰信息，找出痛点，并制定解决方案。 高级 - 掌握行业发展趋势，提前预判行业风口与市场节奏，提前部署功能与产品，把握最佳时机。
沟通能力	初级 - 能带着清晰的目的去沟通，沟通效率高。 中级 - 在沟通过程中能站在对方的立场理解对方。 高级 - 面对不同的人懂得用不同的表达方法去沟通。
项目管理	初级 - 掌握基本的项目管理工具，能够合理安排项目排期。 中级 - 了解各团队的能力边界，与各团队沟通，清晰地制定项目时间节点。 高级 - 了解各类项目管理方法，能基于项目情况，预判资源情况，并选择合适的方法进行项目推进。
人才培养	初级 - 暂时不需培养人才。 中级 - 能辅导新人快速熟悉产品设计方法、产品设计工具，能快速介绍业务让新人理解。 高级 - 快速熟悉下属的优劣势，并制定对应的训练方法，帮助下属迅速适应企业文化并在沟通、协作方面快速成长。
团队协作	初级 - 能在跨团队协作时做好所有前期工作，了解不同团队关注的信息与需要的资源。 中级 - 熟悉各类团队的诉求与协作规范，能高效、规范地提供不同团队所需要的素材与信息。 高级 - 及时总结并输出团队协作规范，将规范推行至各部门，提高协作效率与质量。
技术知识	初级 - 能高效与各职能部门同事沟通，了解其技术要点与难点。 中级 - 了解各职能技术基础要点，预判方案实现难易度。 高级 - 提前预判技术难点，能提前筹备资源突破重点技术。
数据分析	初级 - 具备清晰的逻辑思路，能梳理清晰问题的关联关系。 中级 - 能快速梳理出功能、产品、数据等的整体脉络与主次关系。找出核心影响因素。 高级 - 对复杂信息能抽离出共性与个性，化繁为简地向他人描述复杂内容。
总结能力	初级 - 能快速总结出产品设计方案的重点，并使用文章或PPT的形式输出方案。 中级 - 能快速总结出项目亮点与产品价值，并能以文章或PPT的形式输出供其他人员学习。 高级 - 采用图形化输出产品设计方法，并能基于项目总结出协作规范与产品规划方法。

项目经理

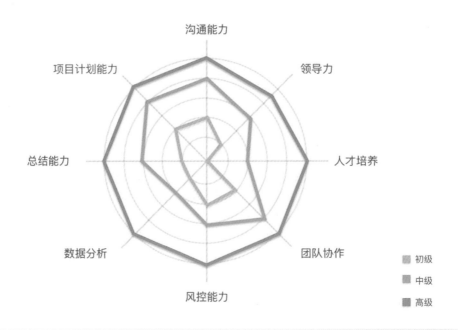

沟通能力
领导力
项目计划能力
人才培养
总结能力
团队协作
数据分析
风控能力

■ 初级
■ 中级
■ 高级

评估说明	
项目计划能力	初级 - 掌握基础的项目管理工具，熟悉基本的开发方法与流程，能清晰地分解出各阶段的步骤与任务。 中级 - 熟练各类开发方法与流程，管控项目进度，确保进度、质量和成本满足预期。 高级 - 负责公司项目研发机制的搭建、维护与优化，并有效监控项目落地的实施情况与风险。
沟通能力	初级 - 能带着清晰的目的去沟通，沟通效率高。 中级 - 在沟通过程中能站在对方的立场理解对方。 高级 - 面对不同的人懂得用不同的表达方法去沟通。
领导力	初级 - 暂时不需要践行领导力。 中级 - 能准确了解各方团队的需要，并找出清晰、可快速执行的共同目标。 高级 - 熟知各团队难点与优势，同时了解项目所需，能准确地选择研发方式，给各团队清晰的奋斗目标。
人才培养	初级 - 暂时不需培养人才。 中级 - 能辅导新人快速熟悉项目管理方法、项目管理工具，能快速介绍业务让新人理解。 高级 - 快速熟悉下属的优劣势，并制定对应的训练方法，帮助下属迅速适应企业文化并在沟通、协作方面快速成长。
团队协作	初级 - 能在跨团队协作时做好所有前期工作，了解不同团队关注的信息与需要的资源。 中级 - 熟悉各类团队的诉求与协作规范，能高效、规范地提供不同团队所需要的素材与信息。 高级 - 及时总结并输出团队协作规范，将规范推行至各部门，提高协作效率与质量。
风控能力	初级 - 了解项目基本流程，与各团队沟通后能清晰列出风险因素。 中级 - 熟悉各类项目流程，了解团队难点，能快速分析出风险因素并提出解决方案。 高级 - 熟悉行业发展，针对性地预判项目风险，并提前规避风险因素。
数据分析	初级 - 了解基本的数据分析方法与数据图表制作工具。 中级 - 能基于项目计划快速输出可视化图表，清晰传达给项目成员。 高级 - 能基于各类数据与统计图表，总结出项目流程的核心问题。
总结能力	初级 - 能快速总结出项目流程中的重点，并使用文章或PPT的形式输出项目计划。 中级 - 能快速总结出项目流程与优化方式，并能以文章或PPT的形式输出供其他人员学习。 高级 - 采用图形化输出项目计划与监管方法，并能基于项目总结出项目体系优化方案。

交互设计师

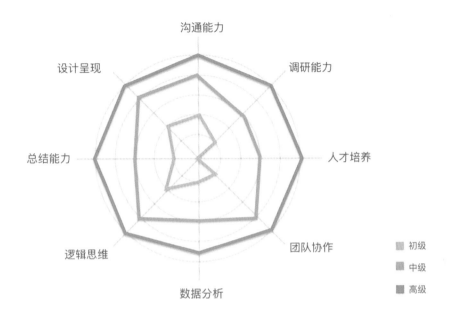

沟通能力
调研能力
设计呈现
人才培养
总结能力
团队协作
逻辑思维
数据分析

■ 初级
■ 中级
■ 高级

评估说明

设计呈现
初级 - 掌握XD、Axure、Principle、Figma、AE等设计软件，并输出规范的可交互原型与交互文档。
中级 - 熟练掌握相关设计工具和规范，能够独立输出系统性的交互设计方案。
高级 - 在设计过程中能够持续总结出新的规范于方法，并对团队形成指导，有效提升团队的设计输出质量和效率。

沟通能力
初级 - 能带着清晰的目的去沟通，沟通效率高。
中级 - 具备同理心，在沟通的过程中能够站在对方的立场理解对方。
高级 - 掌握多种灵活的沟通方式，面对不同的人懂得用不同的方法沟通。

调研能力
初级 - 掌握基本的调研工具，能制定基础的调研计划并输出规范的调研结果文档。
中级 - 熟练各类调研方法，并有一定的用户群资源，能高效高质地输出调研结果。
高级 - 了解各类调研方法的优缺点，能基于项目情况选择合适的方法进行高效的调研输出。

人才培养
初级 - 暂时不需培养人才。
中级 - 能辅导新人快速熟悉设计方法、设计工具，能快速介绍业务让新人理解。
高级 - 快速熟悉下属的优劣势，并制定对应的训练方法，帮助下属迅速适应企业文化并在沟通、协作方面快速成长。

团队协作
初级 - 能在跨团队协作时做好所有前期工作，了解不同团队关注的信息与需要的资源。
中级 - 熟悉各类团队的诉求与协作规范，能高效、规范地提供不同团队所需要的素材与信息。
高级 - 及时总结并输出团队协作规范，将规范推行至各部门，提高协作效率与质量。

数据分析
初级 - 掌握基本的数据分析方法，能使用基础的分析工具输出分析结果。
中级 - 能构建数据分析框架，并建立清晰的数据来源入口渠道。
高级 - 能在现有数据中找到关联性，并找出内在含义。

逻辑思维
初级 - 具备清晰的逻辑思路，能梳理清晰问题的关联关系。
中级 - 能快速梳理出功能、产品、数据等的整体脉络与主次关系，找出核心影响因素。
高级 - 对复杂信息能抽离出共性与个性，化繁为简地向他人描述复杂内容。

总结能力
初级 - 能快速总结出设计方案的重点，并使用文章或PPT的形式输出设计方案。
中级 - 能快速总结出项目亮点与设计价值，并能以文章或PPT的形式输出供其他人员学习。
高级 - 采用图形化输出设计方法，并能基于项目总结出协作规范与设计方法。

视觉设计师

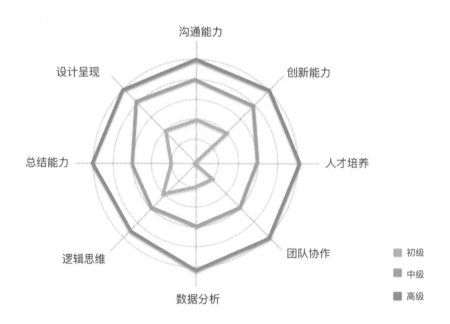

沟通能力
创新能力
设计呈现
人才培养
总结能力
团队协作
逻辑思维
数据分析

初级
中级
高级

评估说明	
设计呈现	初级 - 掌握PS、Sketch、XD、AI、AE等设计工具，协助完成产品设计与独立完成设计切图。 中级 - 熟练掌握相关设计工具和规范，能够独立输出完整的视觉设计方案，并对视觉设计趋势有一定了解。 高级 - 在设计过程中能够持续总结出新的规范于方法，并对团队形成指导，有效提升团队的设计输出质量和效率。
沟通能力	初级 - 能带着清晰的目的去沟通，沟通效率高。 中级 - 具备同理心，在沟通的过程中能够站在对方的立场理解对方。 高级 - 掌握多种灵活的沟通方式，面对不同的人懂得用不同的方法沟通。
创新能力	初级 - 了解基础的创新方法，并能运用到设计方案中。 中级 - 熟悉各类创新方法与设计潮流，并能结合产品特性，创作出满足需求的设计方案。 高级 - 熟知行业特性与设计趋势，提前进行创新研究，并能通过创新带动产品数据增长。
人才培养	初级 - 暂时不需要培养人才。 中级 - 能辅导新人快速熟悉设计方法、设计工具，能快速介绍业务让新人理解。 高级 - 快速熟悉下属的优劣势，并制定对应的训练方法，帮助下属迅速适应企业文化并在沟通、协作方面快速成长。
团队协作	初级 - 能在跨团队协作时做好所有前期工作，了解不同团队关注的信息与需要的资源。 中级 - 熟悉各类团队的诉求与协作规范，能高效、规范地提供不同团队所需要的素材与信息。 高级 - 及时总结并输出团队协作规范，将规范推行至各部门，提高协作效率与质量。
数据分析	初级 - 了解基本的数据分析方法。 中级 - 了解数据结论与设计方案之间的关联性，能针对性地进行设计方案调整。 高级 - 能在现有数据中找到设计方案与数据的关联性，并通过数据找到设计改良方向。
逻辑思维	初级 - 了解基本的逻辑思维方法与流程。 中级 - 能清晰地理解需求与设计方案的关联关系，并在设计方案中清晰地表达出主次关系。 高级 - 能快速梳理出设计、产品、数据等的整体脉络与主次关系，找出核心设计的方向。
总结能力	初级 - 能快速总结出设计方案的重点，并使用文章或PPT的形式输出设计方案。 中级 - 能快速总结出项目亮点与设计价值，并能以文章或PPT的形式输出供其他人员学习。 高级 - 采用图形化输出设计方法，并能基于项目总结出协作规范与设计方法。

开发工程师

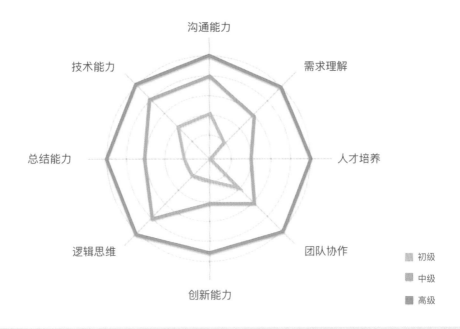

沟通能力

技术能力　　　　　　　　　　需求理解

总结能力　　　　　　　　　　　人才培养

逻辑思维　　　　　　　　　　团队协作

创新能力

■ 初级
■ 中级
■ 高级

评估说明	
技术能力	初级 - 掌握基础的开发语言，实现基础的功能搭建。 中级 - 深入掌握项目所需开发语言，并高效稳定地实现产品功能。 高级 - 深入掌握项目所需研发能力，了解最前沿的技术知识，并能将最新最高效的技术落地到项目中。
沟通能力	初级 - 能带着清晰的目的去沟通，沟通效率高。 中级 - 在沟通过程中能站在对方的立场理解对方。 高级 - 面对不同的人懂得用不同的表达方法去沟通。
需求理解	初级 - 了解需求的基本目的与效果。 中级 - 清晰地理解需求目的与最终需要的效果，并能选择合适的技术方案。 高级 - 在理解需求目的与最终效果的基础上，提出更好的技术建议。
人才培养	初级 - 暂时不需培养人才。 中级 - 能辅导新人快速熟悉开发方法、开发工具，能快速介绍业务让新人理解。 高级 - 快速熟悉下属的优劣势，并制定对应的训练方法，帮助下属迅速适应企业文化并在沟通、协作方面快速成长。
团队协作	初级 - 能在跨团队协作时做好所有前期工作，了解不同团队关注的信息与需要的资源。 中级 - 熟悉各类团队的诉求与协作规范，能高效、规范的提供不同团队所需要的素材与信息。 高级 - 及时总结并输出团队协作规范，将规范推行至各部门，提高协作效率与质量。
创新能力	初级 - 暂不需要进行技术创新，但需要了解一些基础的技术创新原理。 中级 - 了解行业趋势，能对项目技术方案提出更优的实现方式。 高级 - 熟知行业特性与发展趋势，提前进行创新研究，并能通过技术创新带动产品数据增长。
逻辑思维	初级 - 具备清晰的逻辑思路，能梳理问题的关联关系。 中级 - 能快速梳理出产品、业务中各功能的关联关系，并清晰的输出技术方案。 高级 - 能在多个大型项目中抽离出共性与个性，建立清晰的技术规划方案。
总结能力	初级 - 能快速总结出技术方案的重点，并使用文章或PPT的形式输出技术方案。 中级 - 能快速总结出项目亮点与技术价值，并能以文章或PPT的形式输出供其他人员学习。 高级 - 可采用图形化的方式输出技术思维方法，并能基于项目总结出协作规范与新的技术思维方法。